辽宁省地表水重点断面信息图鉴

辽宁省生态环境监测中心　编著

中国环境出版集团・北京

图书在版编目（CIP）数据

辽宁省地表水重点断面信息图鉴 / 辽宁省生态环境监测中心编著 . —北京：中国环境出版集团，2019.9

ISBN 978-7-5111-4123-1

Ⅰ . ①辽… Ⅱ . ①辽… Ⅲ . ①地面水—水质监测—辽宁—图集 Ⅳ . ① X832-64

中国版本图书馆 CIP 数据核字（2019）第 222767 号

出 版 人 武德凯
责任编辑 赵 艳
责任校对 任 丽
封面设计 宋 瑞

出版发行 中国环境出版社
（100062 北京市东城区广渠门内大街 16 号）
网 址：http：//www.cesp.com.cn
电子邮箱：bjgl@cesp.com.cn
联系电话：010−67112765（编辑管理部）
010−67147349（第四分社）
发行热线：010−67125803，010-67113405（传真）

印 刷：北京建宏印刷有限公司
经 销：各地新华书店
版 次：2019 年 9 月第 1 版
印 次：2019 年 9 月第 1 次印刷
开 本：787 × 1092 1/12
印 张：19.5
字 数：250 千字
定 价：128.00 元

《辽宁省地表水重点断面信息图鉴》

编 委 会

主　　编　胥学鹏　张　峥

副 主 编　邵　亮　周丹卉

编写人员（按姓氏笔画排名）

丁振军　王仁日　王　允　王星蒙　王秋丽

王朝霞　王　璐　卢　雁　付友生　付　毓

朱广钦　孙　仓　李延东　李　杨　应　博

陈杵序　武　暕　周新宇　赵丽娟　姜永伟

胡骏翔　彭　跃　谢　轶　惠婷婷　薛　程

前言
Preface

水环境保护事关人民群众切身利益，事关全面建成小康社会，事关实现中华民族伟大复兴中国梦。我国的环境监测工作起步于20世纪70年代，经过40余年的发展，已逐步形成了较为完善的环境监测体系。过去五年，是我国生态文明建设和生态环境保护力度最大、举措最实、推进最快、成效最好的时期，我国生态环境质量持续好转，并呈现稳中向好趋势。生态环境保护工作从思想、治理力度、政策、监管、环境改善率等方面均为前所未有。

2015年4月，国务院正式发布了《关于印发水污染防治行动计划的通知》(国发〔2015〕17号)，并于次年3月对国家地表水环境质量监测网进行进一步的优化与完善，制定了《"十三五"国家地表水环境质量监测网设置方案》(环监测〔2016〕30号)，以适应新形势下的环境保护管理需求。2017年8月，原环境保护部召开国家地表水环境质量监测事权上收工作视频会议，正式拉开我国水生态环境监测体制改革序幕。

但是，"十三五"时期我国工业化、城镇化、农业现代化的任务尚未完成，流域水污染防治工作的复杂性、艰巨性和长期性没有改变，水环境保护仍面临巨大压力，水环境形势依然严峻。

2018年3月，李克强总理在十三届全国人大一次会议《政府工作报告》中特别强调要坚决打好攻坚战，推进污染防治取得更大成效；李干杰部长就打好污染防治攻坚战答记者问。5月，习近平总书记在全国生态环境保护大会上发表重要讲话，指出生态文明建设是关系中华民族永续发展的根本大计，生态文明建设正处于压力叠加、负重前行的关键期。

为积极贯彻落实国家“水十条”(即《水污染防治行动计划》),辽宁省制定了《辽宁省水污染防治工作方案》,以国家地表水环境质量监测事权上收为契机,以国家地表水环境质量考核断面(《“十三五”国家地表水环境质量监测网设置方案》(环监测〔2016〕30号)中确定的1940个地表水评价、考核、排名断面和110个入海河流考核断面,共计2050个国考断面,其中涉及辽宁省的国考断面共计96个)为考核对象,以辽河流域水污染防治为重点,努力改善全省水环境质量。

同时,辽宁省生态环境监测中心借鉴“十一五”与“十二五”国家水体污染控制与治理科技重大专项课题实施以来的研究成果,结合水环境管理和业务需求,对辽宁省部分断面开展了水生态监测与评价业务化运行工作,在对水质进行理化指标评价的基础上补充生态健康评价,更好地反映辽宁省辽河流域水污染治理成效。

本图鉴对96个辽宁省地表水重点断面的基础信息进行了详细的归纳与整理,包括断面具体位置、设置目的、周边环境、交通路线、断面桩设置情况、现场图片、水质历年变化情况及部分断面的水生态监测状况等。书中难免存在错误,热切希望读者朋友不吝指正。

作者

2019年6月

目 录
Contents

第1章 绪论

- 1.1 辽宁省河流基础概况
- 1.2 辽宁省水生态环境质量监测及业务化运行概况
- 1.3 辽宁省水环境质量概况

1.1 辽宁省河流基础概况

辽宁省境内流域面积 50km^2 以上的河流共 845 条。其中，流域面积大于 1000 km^2、不足 5000 km^2 的河流有 32 条，流域面积在 5000 km^2 以上的有 16 条。主要流域有辽河流域、鸭绿江流域、凌河流域。

1.1.1 辽河流域

辽河流域是全国七大流域之一，是国家重点治理的“三河三湖”之一。辽河流域东西宽约 770 km，南北长约 539 km。辽河河长 1345 km，流域面积 21.96 万 km^2。辽河流域多年平均径流量为 137.2 亿 m^3，其中，辽河 48.6 亿 m^3，占 35.4%，浑河、太子河 58.9 亿 m^3，占 43%。

在辽宁省境内，辽河流域主要由辽河、浑河、太子河和大辽河 4 条主要河流及其支流组成。

流域冬季寒冷，11 月下旬或 12 月上旬至次年 3 月中下旬为河流封冻期，封冻天数 90 ~ 130 天。3—4 月积雪陆续融化形成春汛，水量占全年径流量的 3% ~ 4%。5—6 月初为夏汛前的枯水期。夏汛期长，水量大，占年径流量的 70% ~ 80%。以地下水补给为主的河流，如辽河下游的柳河、养息牧河，径流量的季节分配比较均匀，6—9 月径流量只占全年径流量的 40% ~ 50%。平原地区的中小河流，绝大部分属于季节性河流，在 6—9 月汛期，径流量占全年的 90%，而非汛期河道往往干涸。辽河流域河水含沙量仅次于黄河，部分河段水土流失严重。

1.1.1.1 辽河

辽河有二源，西源称西辽河，东源称东辽河，两源在辽宁省昌图县福德店汇合。一般以西辽河为正源，流经河北、内蒙古、吉林和辽宁四省（自治区），在辽宁省盘锦市注入渤海。

在辽宁省境内，辽河河长 523 km，流域面积 6.92 万 km^2。

辽河由西辽河和东辽河汇合而成。西辽河发源于河北省七老图山脉的光头山，东北流至苏家堡称老哈河，接纳西拉木伦河后称西辽河，流经河北、内蒙古、吉林、辽宁四省区；东辽河发源于吉林省辽源市萨哈岭山，西辽河和东辽河两条河流在铁岭福德店附近汇合后始称辽河。

辽河福德店至铁岭段河长 120.76 km，河宽 125 ~ 280 m。铁岭以下河段筑有连续堤防，堤距最宽处 6000 m，最窄处约 1000 m，一般河宽 250 ~ 450 m。

辽河支流众多，主要有招苏台河、亮子河、清河、中固河、柴河、凡河、秀水河、养息牧河、柳河和绕阳河等，部分支流基础信息见表 1。其中，柳河、绕阳河是辽河干流福德店以下各支流中最干旱的两条支流。

辽宁省内辽河主要有 4 条入省河流，分别为西辽河、东辽河、招苏台河和条子河。西辽河为辽宁省与内蒙古自治区的跨界河流，东辽河、招苏台河和条子河为辽宁省与吉林省的跨界河流。

表1 辽河部分支流基础信息

支流	河长/km	流域面积/km^2	多年平均年径流量/亿m^3
八家子河	45.6	511.22	0.329
招苏台河	212.5	3018	0.552
条子河	89.5	861	0.158
王河	50.8	442	0.278
清河	171.1	4846	11.728
寇河	118	1551.6	3.755
柴河	142.8	1501	3.48
凡河	118.2	1001.72	2.424
拉马河	59	786.85	—
秀水河	184	3002	1.89
养息牧河	106.7	1861	0.863
柳河	253	5791	3.57
太平河	41.6	177.5	0.018
绕阳河	290.4	10483	2.586

1.1.1.2 浑河

浑河发源于清原县滚马岭，流经抚顺市和沈阳市城区及清原、新宾、抚顺、辽中、灯塔、辽阳、海城、台安等县（市），在三岔河处与太子河汇合后称大辽河。河长415 km，流域面积11481 km^2。多年平均年径流量24.04亿m^3。

浑河属于典型的受控河流，上游建有大伙房水库。流域面积大于100 km^2的支流有31条，主要支流右岸有英额河、章党河、细河和蒲河等，左岸有苏子河、萨尔浒河、社河、东洲河、古城河、拉古河、白塔堡河等。

1.1.1.3 太子河

太子河上游分南北两支，以北支为长，发源于新宾县红石砬子，南支发源于本溪县草帽顶子山，两支流在恩洗下崴子汇合后为太子河干流，河长413 km，流域面积13883 km^2，多年平均年径流量39亿m^3。

流经本溪、鞍山、辽阳三市所辖的新宾县、桓仁满族自治县、本溪满族自治县、灯塔市、辽阳县、辽中县、海城市，至三岔河与浑河汇合后称大辽河。流经城市均为辽宁省工业较为发达的城市，以钢铁和化工等行业为主，景观格局总体形状趋于复杂、异质性增加、破碎化加剧，人为干扰影响较明显。太子河属受控河流，上游建有观音阁水库，是本溪等城市的饮用水水源地，中游建有葠窝水库，为工业用水和灌溉用水，在本溪和辽阳段有近10个橡胶坝调节水量。

太子河流域面积大于100 km^2的支流有38条，左岸主要有南太子河、小汤河、细河、兰河、汤河、柳壕河、南沙河、运粮河、杨柳河、五道河、海城河等，右岸有小夹河、北沙河等，其中北沙河、汤河、细河、海城河的流域面积大于1000 km^2。

1.1.1.4 大辽河

大辽河为浑河、太子河汇合后的入海河段，为感潮河流，位于辽宁省中南部，起于三岔河，流经辽宁省的海城、盘山、大洼、大石桥、老边等县（市、区），于营口市区注入渤海辽东湾。河长 96 km，流域面积 1963 km^2。

浑河、太子河主要支流基础信息见表 2。

表2 浑河、太子河主要支流基础信息

河流	支流	河长/ km	流域面积/ km^2	多年平均年径流量/亿m^3
浑河	苏子河	119	2230	6.141
	社河	45.27	468.42	1.29
	章党河	36.6	326	0.79
	东洲河	58.5	537.6	—
	蒲河	205	2540	3.9
太子河	小汤河	57	466	1.319
	小夹河	29	198	0.561
	细河	118	1126	3.62
	兰河	55	417	0.971
	汤河	90.7	1466	3.414
	北沙河	117	1618	2.76
	十里河	41.19	202	0.345
	柳壕河	33.9	508.8	0.666
	南沙河	58.06	458	0.69
	运粮河	36.4	268.12	0.654
	杨柳河	57.95	209.2	0.51
	五道河	69	326.79	0.486
	海城河	90.8	1293.17	2.251

1.1.2 鸭绿江流域

鸭绿江流域由鸭绿江及其支流组成。鸭绿江是中朝两国的界河，发源于吉林省东南中朝边境长白山主峰白头山南麓的天池，全长 816 km，中国境内流经吉林、辽宁两省，西南流向，在吉林省洋江口进入辽宁省宽甸县境内，经宽甸、丹东市区于东港市大东镇注入黄海。在我国一侧的主要支流有浑江、爱河、蒲石河等。河长 816 km，流域面积 6.45 万 km^2，流域多年平均年径流量约 320 亿 m^3，年入海水量 316.9 亿 m^3。

在辽宁省境内，鸭绿江河长 235 km，流域面积 1.7 万 km^2。

流域属于中温带湿润区，夏天炎热多雨，冬天严寒干燥。年内径流有明显的春汛和夏汛。每年 11 月下旬至次年 3 月中下旬为河流封冻期。3 月中下旬积雪开始融化形成春汛，占全年径流量的 6% ~ 15%。6 月中旬进入夏汛期（6—9 月），径流量占全年的 80% 左右。

鸭绿江水系支流众多，在中国境内沿途接纳流域面积大于 10000 km^2 的支流 1 条，即浑江；流域面积 1000 ~ 10000 km^2 的支流 2 条，即蒲石河、爱河；流域面积 100 ~ 1000 km^2 的支流 3 条，即八道沟河、五道沟河、三道沟河；其他较小河流 60 余条。主要支流基础信息见表 3。

表3 鸭绿江部分支流基础信息

支流	河长/ km	流域面积/ km^2	多年平均年径流量/亿m^3
浑江	446.5	15381	77.3
蒲石河	126.4	1168.55	7.52
爱河	192	5817.67	30.6

1.1.3 凌河流域

凌河流域由大凌河、小凌河及其支流组成。

大凌河是辽宁省西部地区流域面积最大、流量最长的入渤海的河流。发源于辽宁省建昌县要路沟乡水泉沟，流经建昌县、喀喇沁左翼蒙古族自治县（喀左县）、朝阳县、北票市、义县和凌海市，于盘山县与凌海市交界处注入渤海。大凌河流域面积 23549 km^2，河长 435 km，多年平均年水资源总量 19.65 亿 m^3，其中地表水 18.55 亿 m^3、地下水 9.1 亿 m^3，人均水资源量仅 301.3 m^3，是辽宁省的干旱缺水地区。

大凌河支流众多，且多集中于左侧，流域面积在 100 km^2 以上的一、二级支流达 56 条，其中细河、牤牛河的流域面积在 2000 km^2 以上，大凌河西支、第二牤牛河、老虎山河的流域面积均大于 1000 km^2。流域面积在 1000 km^2 以下的较大支流有凉水河、清河等。

小凌河是辽宁省西部地区独流入渤海的河流，发源于辽宁省朝阳县瓦房子镇牛粪洞子村明安喀喇山脉，由西向东流经朝阳县、葫芦岛市南票区、锦州市区，于凌海市注入渤海。流域面积 5475 km^2，河长 206.2 km，多年平均年径流量为 6.65 亿 m^3，是严重的资源性缺水地区。

小凌河有流域面积大于 100 km^2 的支流 14 条，流域面积大于 1000 km^2 的支流只有女儿河一条。

大凌河、小凌河主要支流基础信息见表 4。

表4 大凌河、小凌河主要支流基础信息

支流		河长/ km	流域面积/ km^2	多年平均年径流量/亿m^3
大凌河	大凌河西支	106.5	2889	0.9375
	第二牤牛河	48.1	1102	0.7449
	老虎山河	79.2	1412	1.07
	牤牛河	136	4747	3.035
	细河	114	3308.3	2.1116
小凌河	女儿河	124.9	1492.59	2.17

1.1.4 独流入海

全省共有 15 条直接注入渤海和黄海的沿海河流，主要有大沙河、六股河、大清河、复州河、碧流河、大洋河等，见表 5。

其中，六股河发源于建昌县谷杖子乡，流经建昌县，在兴城市刘台子乡注入渤海。复州河发源于普兰店市同益乡，流经瓦房店，于三台乡注入渤海。碧流河发源于盖州市卧龙泉乡，流经盖州市、庄河市，于普兰店市城子坦镇注入黄海。

表5 辽宁省独流入海河流基础信息

支流	河长/ km	流域面积/ km^2	多年平均年径流量/亿m^3
大洋河	179.7	6168.52	20.79
哨子河	2258.6	137.07	9.83
英那河	95	1004	4.51
庄河	56.5	618	2.54
碧流河	156	2814	8.5675
大沙河	96.5	—	2.47
登沙河	26	229	0.51
复州河	137	1638	0.32～5.92
熊岳河	41.9	322.54	0.587
沙河	29.5	201.38	0.366
大清河	98.9	1437.46	3.5
连山河	33.95	169.44	0.3071
五里河	37.1	155	0.252
兴城河	50.4	702.92	1.56
六股河	162.5	3102.47	6.03

1.2 辽宁省水生态环境质量监测及业务化运行概况

河流水生态系统在人类发展进程中起着决定性作用，它不仅为人类生活提供淡水资源及食物，还具有发电、景观、休闲娱乐等生态服务功能。此外，作为生物圈物质循环主要通道之一，很多营养盐及污染物在河流中得以迁移和降解。随着人类对河流水生态系统结构和功能认识的不断加深，许多国家在河流管理与保护方面都做出了新的举措，河流水生态系统健康问题越来越受到国际社会的关注和重视，如何维持及恢复河流水生态系统的健康已经成为目前河流管理的重要目标和发展方向。河流水生态系统健康内涵的研究以及对河流水生态系统健康状况评价方法的发展对加强河流管理、维持和恢复河流水生态系统健康方面都具有重要意义。

自 2012 年起，辽宁省生态环境监测中心借助承担“十二五”国家水体污染控制与治理科技重大专项之力，通过开展“辽河流域水环境安全监控与监测体系建设”课题研究，对辽河流域水生态监测与评价进行深入研究，编著《辽河流域底栖动物监测图鉴》《辽河流域藻类监测图鉴》《辽河流域水生态环境质量监测指南（试行）》，规范和指导辽宁省水生态监测业务化工作，进一步扩大辽河流域水生态监测能力，开展流域水生态健康评价。通过定期召开辽宁省水生态监测技术培训、研讨会，进行现场实训，逐渐在省、市两级监测部门实现水生态监测能力，率先在全流域形成有效的水生态监测局面。每年根据《辽宁省环境监测方案》下发河流水生态监测工作方案，收集数据，录入数据系统，实现辽河流域水生态健康评价，并将结果编入当年的《环境质量报告书》中，对辽宁省水环境质量的评价进行了补充和完善。

1.2.1 监测点位布设

1.2.1.1 点位布设原则

结合流域水质监测的管理和业务需求，依托“十二五”水专项研究成果，建立辽宁省辽河流域水生态监测网络，每年开展水生态监测工作，遵从以下原则布设水生态例行监测断面。

（1）历史连续性原则。为方便与理化指标结合并利用历史监测数据进行深入分析，监测点位应尽可能与例行监测点位保持一致，在此基础上，应尽可能选择不同时期、不同监测目的设置的水生生物监测点位，保持监测点位的连续性，获得长系列的监测数据，可以对比分析前后监测结果，为分析水生态环境质量变化趋势和评价环境效益、强化环境管理等服务。

（2）空间代表性原则。选择的点位要有空间代表性，从流域层面上选择不同区域、不同功能区的河流布设点位，既反映不同生境特点，又兼顾到流域内多数河流。

（3）经济性原则。监测点位的设置要以最少的点位、人力、物力和财力，获取最大效益，尽量设置在交通方便、采样安全的地段，确保人身安全和样品及时运输，另外，宜选择有利于采集样品的监测点位，方便样品的采集，以保证能够采集最大的样品量和最多的样品种类。

（4）清洁点位和污染点位兼顾，保证点位类型多元化。兼顾两种类型监测点位，对比不同污染对河流水生态环境的影响，积累足够的数据，分析不同污染源对水生生物群落结构的影响。

1.2.1.2 监测点位优化与筛选

不同位置的采样点水质不同，对水体造成的污染程度也有所差别。采样点的选取虽根据相关采样点布设原则及对辽河流域实地调查基础上进行，但一定程度上仍缺乏代表性，并一定程度上增加了数据处理的难度，加大了工作量，对评价结果的准确性造成影响。因此，对采样点位进行优化十分必要，通过对多个采样点位进行分类处理，筛选典型点位，对于得到精确的评价结果具有重要的意义。

点位优化方法有很多，本书主要采用当下环保领域普遍应用的聚类分析法。聚类分析是一种探索性的模式识别技术，是将数据对象分组为多个类或簇（cluster）的数据挖掘技术。在数据挖掘中，主要集中在聚类方法的可伸缩性、对聚类复杂形状和复杂类型的数据有效性、高维聚类分析技术以及针对大型数据库中混和数值和分类数据的聚类方法上。聚类应用包括动植物分类、疾病分类、图像处理、模式识别、市场研究、文本检索等领域。聚类分为以下几种方法。

（1）直接聚类法

先把各个分类对象单独视为一类，然后根据距离最小的原则，依次选出一对分类对象，并成新类。如果其中一个分类对象已归于一类，则把另一个也归入该类；如果一对分类对象正好属于已归的两类，则把这两类并为一类。每一次归并，都划去该对象所在的列与列序相同的行。经过 m-1 次就可以把全部分类对象归为一类，这样就可以根据归并的先后顺序作出聚类谱系图。

（2）最短距离聚类法

最短距离聚类法，是在原来的 $m \times m$ 距离矩阵的非对角元素中找出，把分类对象 G_p 和 G_q 归并为一新类 G_r，然后按计算公式计算原来各类与新类之间的距离，这样就得到一个新的（m-1）阶的距离矩阵；再从新的距离矩阵中选出最小者 d_{ij}，把 G_i 和 G_j 归并成新类；再计算各类与新类的距离，这样一直下去，直至各分类对象被归为一类为止。

（3）最远距离聚类法

最远距离聚类法与最短距离聚类法的区别在于计算原来的类与新类距离时采用的公式不同，最远距离聚类法所用的是最远距离来衡量样本之间的距离。

由于本研究以水质理化指标数据为主，符合直接聚类法特点，因此采用第一种直接聚类法对采样点进行聚类分析。在辽河流域重点监测断面中选择 32 个断面进行生态监测与评价，水生态监测断面为：三合屯、清辽、东大桥、珠尔山、红庙子、盘锦兴安、曙光大桥、浑 37 左、浑 7 右、浑 7 左、阿及堡、戈布桥、北杂木、古楼、台沟、东陵大桥、于家房、蒲河沿、老官砬子、本溪兴安、葠窝坝下、汤河桥、下王家、小姐庙、南大桥、章吉营、王家沟、张家堡、荒沟、江桥、文安、茧场。

1.2.2 监测频次及时间

常规监测每年至少一次，有条件的地区每年两次，平水期和枯水期各一次。普查性监测五年一次。调查监测、应急监测、科研监测根据目的不同自行确定。

常规监测每年一次建议在平水期 6 月进行；每年两次建议在枯水期 4 月，平水期 5 月、6 月或 9 月进行。普查性监测建议在平水期 6 月进行。

1.2.3 主要监测指标

河流水生态系统是一个包含多种因素的生态系统，应从多角度对其健康状况进行综合表征。通过合理、准确的表征来描述河流水生态系统当前的健康状况，深化对其健康状况内涵的理解，从而为河流水生态系统健康状况评价提供科学依据。

基于近年来国内外对河流水生态系统健康状况评价开展的研究，本书采用水质理化参数、生物指标、河流形态结构、河流水文特征以及河岸带状况等五类要素作为河流健康状况评价的一级指标。

（1）水质理化参数

水质理化参数是评价河流水生态系统健康程度的关键性指标。因此，本书选择水质理化参数作为河流水生态系统健康状况评价的主体。主要包括：pH、DO、COD_{Mn}、COD_{Cr}、BOD_5、NH_3-N、TP、TN 等。

（2）河流水生生物指标

着生藻类处于河流生态系统食物链始端，可为水环境变化提供预警信息，其种类组成、数量分布和多样性等特征能较好地反映河流污染水平及营养水平。大型底栖无脊椎动物是河流生态系统生物群落的重要组成部分，其群落组成以及形态变化等能较好地反映河段生境条件的变化以及河流生态系统所处的状态。采用浮游藻类以及底栖大型无脊椎动物对河流生物群落进行监测，可较好反映河流生物状况。

1.2.4 数据采集方法

1.2.4.1 水质理化指标采集与测定方法

水质化学指标的样品采集、保存及测定严格按照《水和废水监测技术方法》（第四版）中的要求进行。

1.2.4.2 生物指标采集与测定方法

（1）底栖动物采集方法

底栖动物定量样品采用定量框采样法，采样时把定量框放入水底底质上并用力把四角上的销钉插入底质中以防定量框走位，然后在定量框的水流下方放好手网，以防挖取框中底质时底栖动物漂走。在定量框旁放一盛少量原位水的桶或盆，定量框内的全部底质采出置于桶或盆内，一般挖深 20 ~ 30 cm，采完后把手网内的小生物一并洗入桶中。在桶中用软毛刷将砾石刷洗干净后弃去，桶中的泥沙经 40 目分样筛洗至塑料袋，加酒精固定，并放入便携式冰箱中。

定性样品采用手网采样。

①用手操作，直接在浅水的河流中采样。

a. 手握手网，在河流底质上来回捞取底质和底栖动物，然后把底质和底栖动物冲洗，放入塑料桶或盆中，经 40 目分样筛筛洗后装入塑料袋带回实验室，处理方法同定量样品。采得的样品即为定性样品。

b. 手网网口迎向水流方向，网口底边紧靠底质上，在网口前用手翻洗各类底质，使底栖动物随水流流入网内，操作时间为每次 10 min。同一断面上在不同的小生境重复上述过程，并使采用强度与各小生境的面积大致相当。将网中采到的生物小心倒入盛少量水的桶中，加水轻轻搅动经 40 目分样筛筛洗至清，装塑料袋带回实验室作为定性样品，室内处理与定量方法相同。由于采样时，各采样点的强度和面积大致相同，因此获得的底栖动物样品也可以作为半定量或定量样品分析用。

②在较深的水体中用脚操作。当水体较深不适用于用手操作时，可用脚代替手翻动底质使生物流入网内。

③在静水或水流速很小时，手网采样效果较差，可直接利用手网在底质面上捞取底质及其附近表面上的底栖动物。捞取物置桶内淘洗清后，通过 40 目分样筛装入塑料袋内。采用手网采样时，应尽可能在各种生境采样，样品就更具代表性。在同一次调查中，手网采样应尽量由一人操作以减少采样造成的差异和保证各点的可比性。定量样品装入塑料袋后加酒精固定，然后放入便携式冰箱中保存。

（2）着生藻类采集方法

在采样断面处采集附有藻类的基质（石头、枯枝、落叶），用硬毛刷将附着在石头上的藻类刷入采样瓶中，然后加 1% 鲁哥氏溶液固定。对于没有石头、枯枝、落叶等基质的采样点，用一培养皿轻轻倒扣在底泥上，将方形的小铁铲缓慢插入培养皿下方，均匀采集该点的表层底泥，放入干净的小烧杯中，加少量蒸馏水充分混匀，上清液倒入采样瓶中，加 1% 鲁哥氏溶液固定。需要定量的样品，选择附有藻类的形状较规则、易于测量表面积的石头，用硬毛刷和蒸馏水将石块表面的藻类全部刷入采样瓶中，然后加 1% 鲁哥氏溶液固定和保存，并带回实验室进行分类鉴定和计数。基质为底泥的采样点，其着生藻类的定性和定量分析步骤同非底泥基质样品，着生藻类生物密度以小铁铲的表面积计算。

（3）生物指标测定方法

将野外采集的标本倒入白瓷盘中，先用肉眼将标本按纲、目挑出，然后再在双目解剖镜下进行鉴定，摇蚊和寡毛类标本则需制成玻片，在显微镜下观察。标本一般鉴定至属，区分到种。一并记录每分类单元（科、属、种）的个体数。同时，区分各取食功能团。

定量鉴定方法：将每个断面的底栖动物种类及其数量（个体数）进行准确、系统地统计。定性鉴定方法：常见软体动物、水栖寡毛类可以鉴别到种。颤蚓类需要观察成熟的生殖器官，故需要在显微镜下由低倍到高倍观察，一般用甘油做透明剂，鉴定完毕即可将标本放回原瓶，以便计数。如需保存制片，或定种没有确切把握，可以保留制片，并将制片封好保存。水生昆虫除摇蚊科幼虫外，皆可在解剖镜下鉴定到属，在低倍镜下确定目、科，在高倍镜下对照资料鉴定到属，摇蚊科幼虫主要依据口器的结构差异来定属、种，并需制片，用甘油透明观察，保存的制片需要加拿大胶或 Puris 氏胶封片，可保存 1 ～ 3 年。

（4）河流栖息地状况调查

对于河流栖息地状况主要采用野外实地调查的方式进行了解。野外实地调查主要包括获得河岸带状况、河流形态以及河流水文特征指标的评价值。对于栖息地质量综合指数 HQI 所涉及的 10 个指标根据事先确定好的评判标准由采样人员在采样现场打分，并确定 HQI。

1.3 辽宁省水环境质量概况

辽河流域是我国七大流域之一，地跨河北、内蒙古、吉林、辽宁四省（自治区），流域总面积 21.96 万 km^2。辽河流域在辽宁省境内是经济较为发达的工业集聚区和都市密集区，经过半个多世纪的建设，逐步形成了以石化、冶金、装备制造业为核心的产业集群，建有北方最大的石化工业基地与国家级精细化工和催化剂生产基地，城市化水平居全国前列。作为区域社会经济发展的母亲河，辽河在快速的工业化过程中受到了严重污染。同时，由于流域水资源匮乏，供求矛盾突出，水资源过度开发利用，也加剧了流域水体污染，水环境功能下降。水污染已成为制约流域内经济社会快速发展的瓶颈。“九五”以来，辽河流域纳入了国家重点治理的“三河”之一，经过15年的治理，到“十一五”末，辽河流域干流水质有所好转，但是流域整体污染状况并未得到根本改善。

2005—2011 年，辽河流域各年度水质均为重度污染，2012—2017 年水质在轻度污染至中度污染之间波动，总体上呈明显改善趋势，但 2017 年仍为中度污染。2017 年辽河流域 90 个干、支流断面劣Ⅴ类水质比例为 24.4%，比 2005 年下降 51.9%，比 2010 年下降 36.4%。化学需氧量超Ⅴ类标准断面比例基本呈逐年下降趋势，2017 年为 4.4%，比 2005 年下降 48.9%，比 2010 年下降 11.0%。2017 年氨氮超Ⅴ类标准断面比例为 24.4%，比 2005 年下降 43.2%，比 2010 年下降 31.3%，与 2015 年基本持平。2017 年总磷超Ⅴ类标准断面比例为 18.9%，比 2005 年下降 17.3%，比 2010 年下降 5.1%，与 2015 年基本持平。从各指标超Ⅴ类标准比例和下降幅度看，“十一五”期间，辽河流域化学需氧量污染明显改善，“十二五”末期和“十三五”初期趋于平稳。氨氮污染在“十二五”期间改善较为明显，2015 年之后，趋于平稳，进入瓶颈期。总磷超Ⅴ类断面比例下降幅度相对较缓，在 2015 年后还有所反弹，并且超过化学需氧量超标比例，从 2010 年开始上升为次要污染指标。

辽河流域 6 条主要河流 36 个干流断面化学需氧量和氨氮浓度均值总体呈下降趋势，自 2008 年开始，化学需氧量浓度均值即降为Ⅴ类标准（40 mg/L）以下，2010 年起基本持平，在 15 ～ 20 mg/L 之间波动；2011 年开始，氨氮浓度均值即在Ⅴ类标准（2 mg/L）以下波动，波动范围在 0.684 ～ 1.48 mg/L 之间。2017 年化学需氧量浓度均值为 19.5 mg/L，比 2006 年下降 62.1%；氨氮浓度均值为 0.869 mg/L，比 2006 年下降 74.8%，2013 年开始受旱情影响略有反弹，2017 年各河流氨氮浓度均值比 2006 年下降 65.8% ～ 83.3%，其中浑河、辽河氨氮浓度均值下降较为显著，分别比 2006 年下降 76.5% ～ 83.8%。

辽河流域各条河流高度受控，流经各城市后，接纳了大量的城市污水和工业废水，污染主要集中在城市河段，支流污染重于干流。以 2017 年为例，36 个干流断面劣Ⅴ类比例为 8.3%，而 54 个支流入河口断面劣Ⅴ类比例为 35.2%。

基于水专项“十一五”共性技术及“十二五”课题研究成果，对辽河流域符合布设原则的 32 个监测点位进行水生态监测与评价，评价结果反映出辽河流域生态状况明显好转。2015 年辽河流域水生态健康程度比 2005 年时有了极大的提升，健康和一般的点位占 80% 以上。原来鱼虾绝迹的河流重新出现鱼类；原来城市段下游断面难以采集到水生生物样品，如今不但采集到的种类增加，生物量也有所增加，更出现偏向于轻污染的种类，优势种也从霍普水丝蚓改善为纹石蚕、云集多足摇蚊、秀丽白虾等；辽河、浑河、太子河干流呈现出白鹭齐飞、野鸭遍地的水生态环境大幅度好转的景象。

第2章

辽　河

2.1 招苏台河—通江口

- **断面属性**：辽河一级支流入河口断面
- **断面地址**：辽宁省铁岭市通江口镇
- **设置目的**：反映招苏台河入辽河干流前的水质状况
- **断面类型和采样条件**：河岸断面；河面较窄，水流较浅，采样便利
- **周围环境描述和标志**：河岸植被状况一般，多为农田
- **交通路线**：铁岭—新调线—大明镇—柏家沟—通江口大桥—新黎线
- **水质状况**：1995—2010 年，通江口断面水质污染十分严重，十六年间全部为劣Ⅴ类水质。1995—2000 年，主要污染指标为氨氮和化学需氧量。“十五”期间污染问题凸显，总磷、生化需氧量和高锰酸盐指数为主要污染指标。自“十一五”以来，水质逐年好转，多项指标浓度明显下降，2011 年首次符合Ⅴ类水质标准，由多年重度污染改善至中度污染。2012—2016 年，水质保持在Ⅳ～Ⅴ类。2017—2018 年因氨氮和总磷等浓度上升，水质下降为劣Ⅴ类水质。

◆ 通江口断面桩

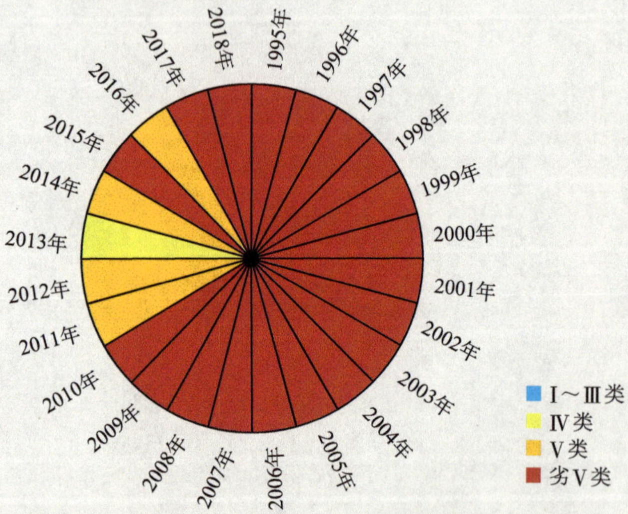

通江口断面 1995—2018 年水质变化

▲ 通江口断面上游

▲ 通江口断面下游

2.2 三合屯

- **断面属性：**辽河干流断面
- **断面地址：**辽宁省铁岭市通江口镇通江口特大桥
- **设置目的：**反映辽河出（昌图）境水质状况
- **断面类型和采样条件：**河岸断面；桥上采样，河面较宽，水流较浅，采样便利
- **周围环境描述和标志：**河岸植被状况一般，多为灌木和草地
- **交通路线：**铁岭—新调线—大明镇—柏家沟—通江口大桥
- **水质状况：**1995—2010 年，三合屯断面水质污染十分严重，十六年间全部为劣Ⅴ类水质。“九五”期间主要污染指标为化学需氧量和高锰酸盐指数。“十五”期间氮、磷污染问题凸显，氨氮、总磷和生化需氧量为主要污染指标。2003 年污染最重，5 项指标浓度劣于Ⅴ类水质标准，化学需氧量、氨氮等多项指标浓度均达历史峰值。自“十一五”以来，水质逐年好转，多项指标浓度明显下降，2011 年首次符合Ⅴ类水质标准，由多年重度污染改善至中度污染。2012 年至今，水质稳定保持在Ⅳ～Ⅴ类。
- **大型底栖动物种类：**宽身舌蛭、克拉泊水丝蚓、横纹划蝽、多齿齿斑摇蚊、龙虱、狭长角泥甲、眼斑扩腹春蜓、青纹瘦蟌、中华齿米虾、秀丽白虾。
- **着生藻类种类：**广缘小环藻、梅尼小环藻、长刺根管藻、箱形桥弯藻、双头舟形藻、嗜盐舟形藻、放射舟形藻、英吉利舟形藻、双头辐节藻、彩虹长蓖藻、钝脆杆藻、尖针杆藻、平片针杆藻、肘状针杆藻、谷皮菱形藻、实球藻、小球衣藻、四尾栅藻、斜生栅藻、四足十字藻、顶锥十字藻、螺旋弓形藻、三角四角藻、针形纤维藻、镰形纤维藻、细鞘丝藻、史氏棒胶藻、粘杆藻、四体粘球藻、微小色球藻、卵形隐藻、啮蚀隐藻。

◆ 三合屯断面桩

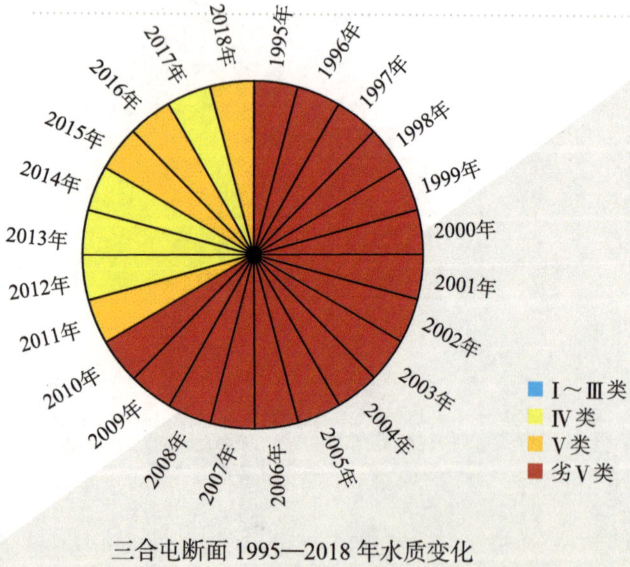

三合屯断面 1995—2018 年水质变化

▲ 三合屯断面上游

▲ 三合屯断面下游

宽身舌蛭

克拉泊水丝蚓

横纹划蝽

龙虱

眼斑扩腹春蜓

青纹瘦蟌

中华齿米虾

秀丽白虾

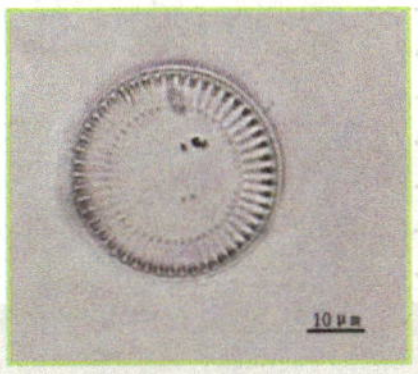

梅尼小环藻

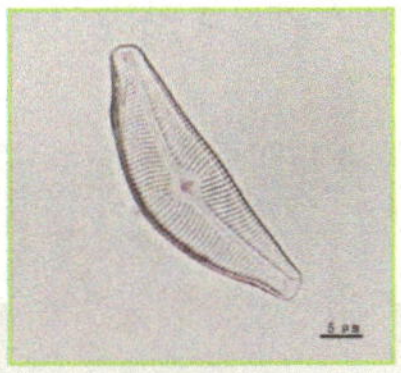

箱形桥弯藻

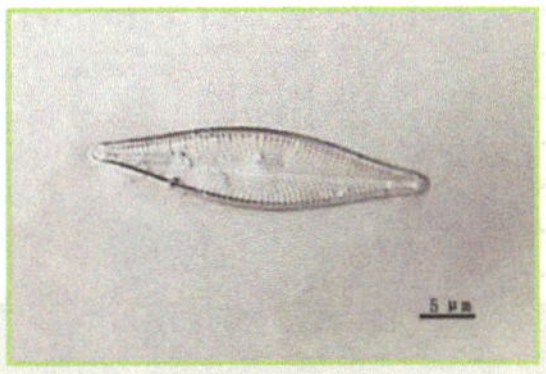

放射舟形藻

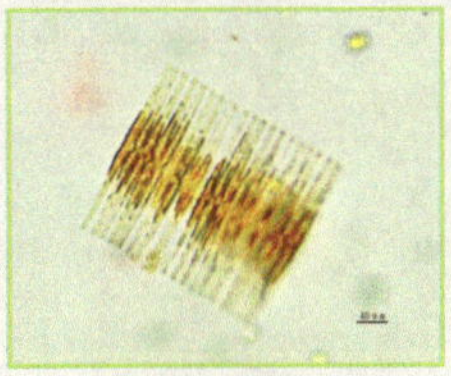

钝脆杆藻

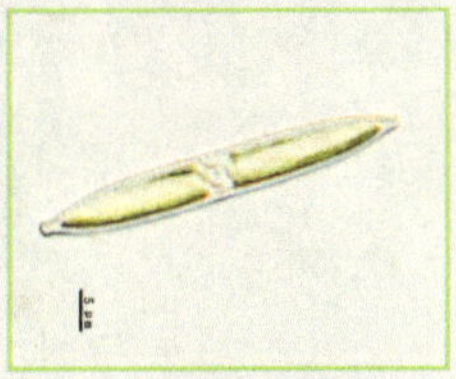

谷皮菱形藻

四尾栅藻

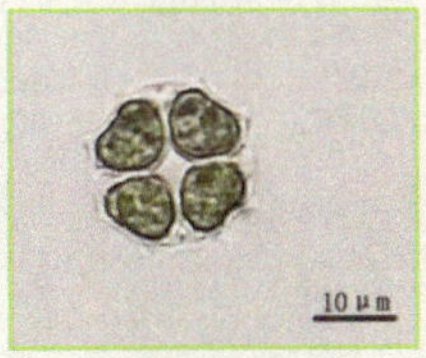

顶锥十字藻

镰形纤维藻

卵形隐藻

2.3 亮子河—亮子河入河口

- **断面属性**：辽河一级支流入河口断面
- **断面地址**：辽宁省开原市三家子乡后施堡村
- **设置目的**：反映亮子河进入辽河的水质状况
- **断面类型和采样条件**：桥下河岸断面；河面较宽，水流较浅，采样便利
- **周围环境描述和标志**：河岸两侧多为农田
- **交通路线**：铁岭市—新三线—三家子乡—后施堡村
- **水质状况**：2011—2018 年，亮子河入河口断面水质呈变差趋势。2011 年和 2012 年因生化需氧量污染较重为中度污染，全部为Ⅴ类水质。2013 年好转为轻度污染，为Ⅳ类水质。2014—2018 年水质明显变差，由轻度污染下降为重度污染，水质类别均为劣Ⅴ类，氨氮、总磷为主要污染指标。

◆ 亮子河入河口断面桩

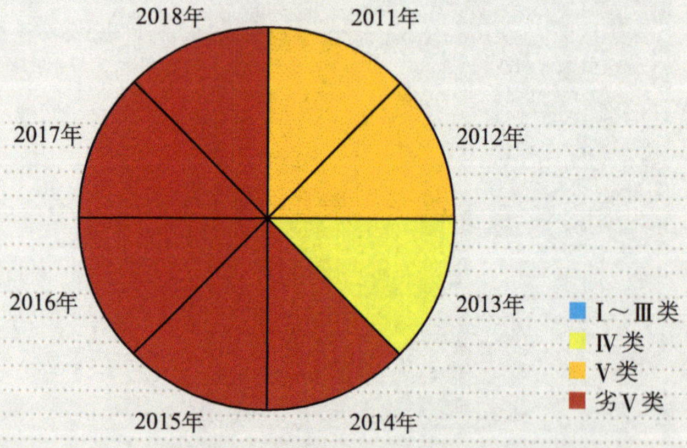

亮子河入口断面 2011—2018 年水质变化

亮子河入河口断面上游

亮子河入河口断面下游

2.4 寇河—松树水文站

- **断面属性**：辽河二级支流入（清河）河口断面
- **断面地址**：辽宁省铁岭市西丰县郜家店镇松树村
- **设置目的**：反映寇河出西丰县的水质状况
- **断面类型和采样条件**：河岸断面；河面较宽，水流较浅，采样便利
- **周围环境描述和标志**：河岸植被多为灌木和草地
- **交通路线**：铁岭—哈大高速—郜家店—寇河沿岸
- **水质状况**：2012—2018 年，松树水文站断面水质介于良好与轻度污染之间。2012 年化学需氧量超标，为Ⅳ类水质，轻度污染。2013—2014 年水质状况转为良好，为Ⅲ类水质。2015 年因化学需氧量超标为轻度污染水平。2016 年水质状况转为良好。2017 年和 2018 年因化学需氧量和氨氮等超标为轻度污染水平。

◆ 松树水文站断面桩

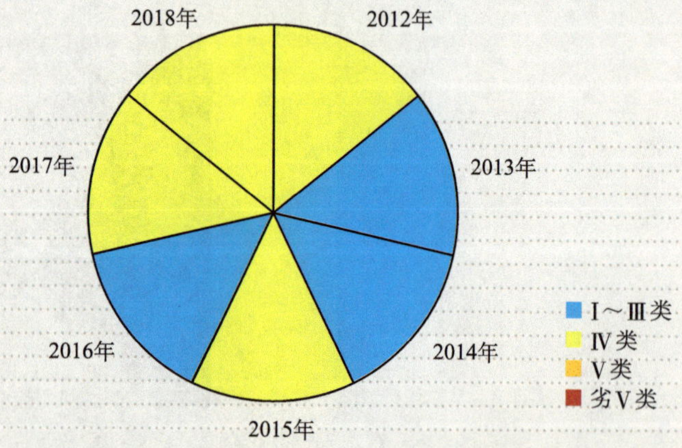

松树水文站断面 2012—2018 年水质变化

松树水文站断面上游

松树水文站断面下游

2.5 清河—清河水库入库口

- **断面属性：**清河水库上游入库口断面
- **断面地址：**辽宁省铁岭市开原市八棵树镇貂皮屯村
- **设置目的：**该断面可反映清河水库入库口水质状况
- **断面类型和采样条件：**桥上采样，河面较宽，水流较深，采样便利
- **周围环境描述和标志：**河岸植被多为灌木和草地
- **交通路线：**铁岭—开原市—清河区—佟家屯村—貂皮屯
- **水质状况：**2004—2018 年，清河水库入库口断面水质稳定，总体保持优良水平，除 2010 年因石油类略超Ⅲ类水质标准（为Ⅳ类水质）外，其余年份水质类别均在Ⅰ～Ⅲ类。各项监测指标中，除石油类 2010 年为Ⅳ类水质外，仅总磷、化学需氧量和总铅个别年份出现过符合Ⅲ类水质标准的情况，其他指标均稳定符合Ⅱ类水质标准。

◆ 清河水库入库口断面桩

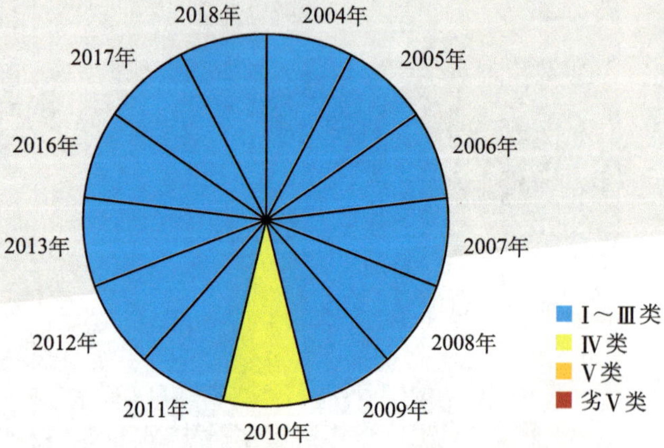

清河水库入库口断面 2004—2018 年水质变化

清河水库入库口断面上游

清河水库入库口断面下游

2.6 清河—清辽

- **断面属性：** 辽河一级支流入河口断面
- **断面地址：** 开原市业民镇清辽村
- **设置目的：** 反映清河进入辽河前的水质状况
- **断面类型和采样条件：** 河岸断面；河面较宽，水流较深，采样便利
- **周围环境描述和标志：** 河岸两侧植被多为灌木和草地
- **交通路线：** 铁岭市—开原市—业民镇—清辽村
- **水质状况：** 1995—2009 年，清辽断面水质污染十分严重，十五年间全部为劣Ⅴ类水质。1995—2000 年，主要污染指标为化学需氧量和高锰酸盐指数。“十五”期间，氨氮、生化需氧量和挥发酚为主要污染指标。自“十一五”以来，水质逐年好转，多项指标浓度明显下降，2010 年首次符合Ⅴ类水质标准，由重度污染改善至中度污染。2011—2017 年，水质连续七年保持Ⅳ类。2018 年因氨氮和总磷超标浓度上升，水质下降为劣Ⅴ类。
- **大型底栖动物种类：** 日本长蝎蝽、锈色负子蝽、墨黑摇蚊、青纹瘦蟌、中华小长臂虾、狭萝卜螺、耳萝卜螺。
- **着生藻类种类：** 具角角甲藻、扭曲小环藻、梅尼小环藻、颗粒直链藻、颗粒直链藻极狭变种、比索曲壳藻、小形异极藻、缢缩异极藻、卵圆双眉藻、箱形桥弯藻、膨胀桥弯藻、近缘桥弯藻、尖布纹藻、微绿舟形藻、短小舟形藻、简单舟形藻、双头辐节藻、普通等片藻、钝脆杆藻、尖针杆藻、肘状针杆藻、谷皮菱形藻、简单尾丝藻、四尾栅藻、尖细栅藻、弯曲栅藻、湖生卵囊藻、肥壮蹄形藻、巨颤藻、微小色球藻、卵形隐藻。

◆ 清辽断面桩

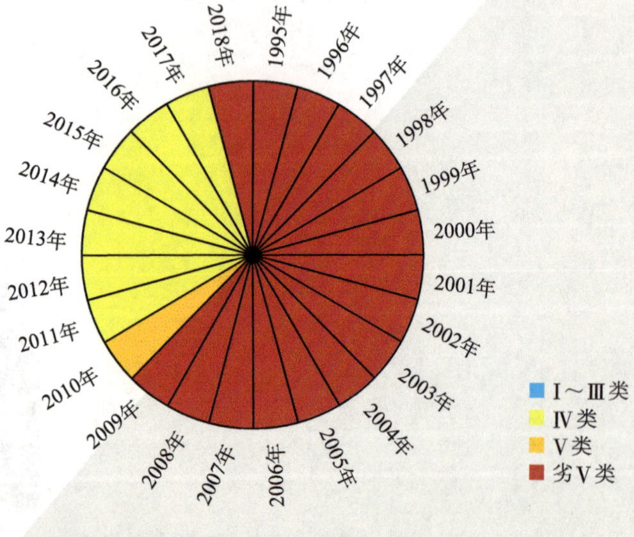

清辽断面 1995—2018 年水质变化

▲ 清辽断面上游

▲ 清辽断面下游

日本长蝎蝽

锈色负子蝽

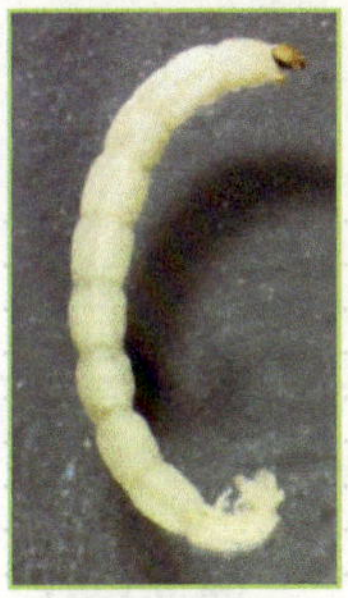

墨黑摇蚊

青纹瘦蟌

中华小长臂虾

狭萝卜螺

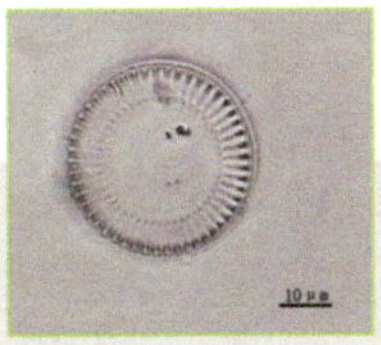

梅尼小环藻

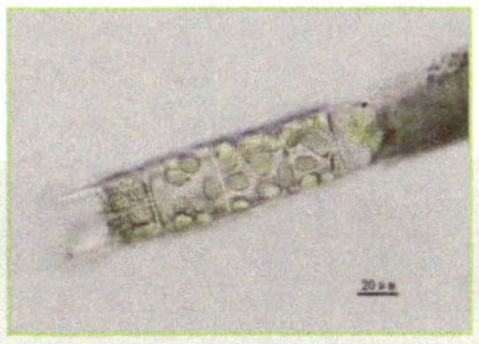

颗粒直链藻

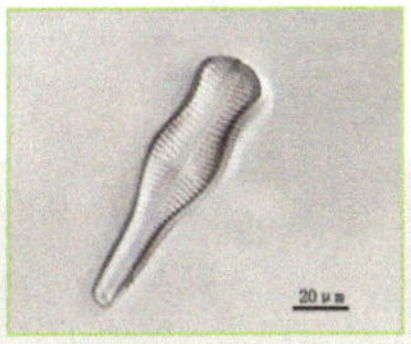

缢缩异极藻

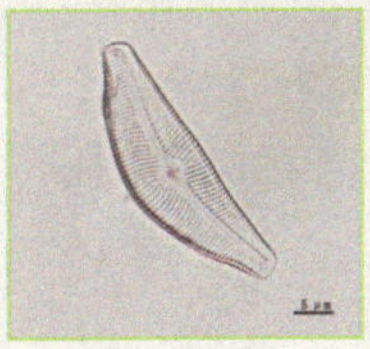

箱形桥弯藻

尖布纹藻

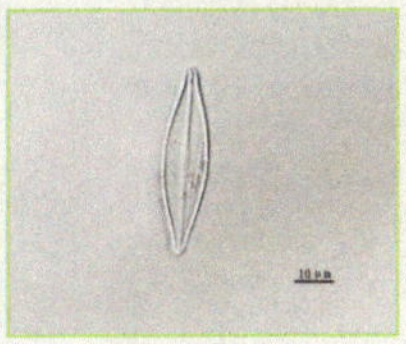

双头辐节藻

四尾栅藻

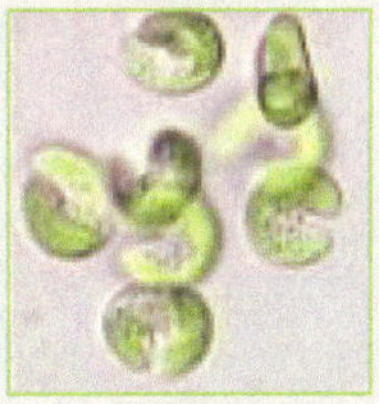

肥壮蹄形藻

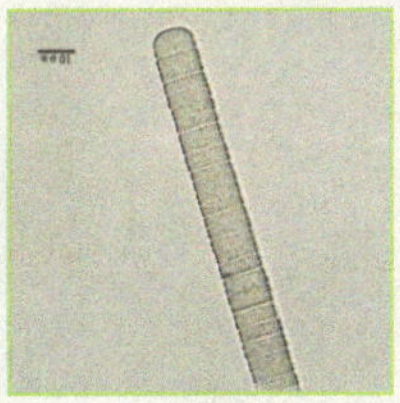

巨颤藻

2.7 柴河—柴河水库入库口

- **断面属性**：柴河水库上游入库口断面
- **断面地址**：辽宁省铁岭市开原市柴河堡村
- **设置目的**：该断面可反映柴河水库入库口水质状况
- **断面类型和采样条件**：桥上采样，河宽约 30 m，采样便利
- **周围环境描述和标志**：河岸植被多为灌木和草地
- **交通路线**：铁岭—熊官屯—上峪村—柴河堡
- **水质状况**：2004—2018 年，柴河水库入库口断面水质总体保持良好，除 2010 年为Ⅳ类水质（石油类浓度略高）外，其他各年均为Ⅰ～Ⅲ类水质。

◆ 柴河水库入库口断面桩

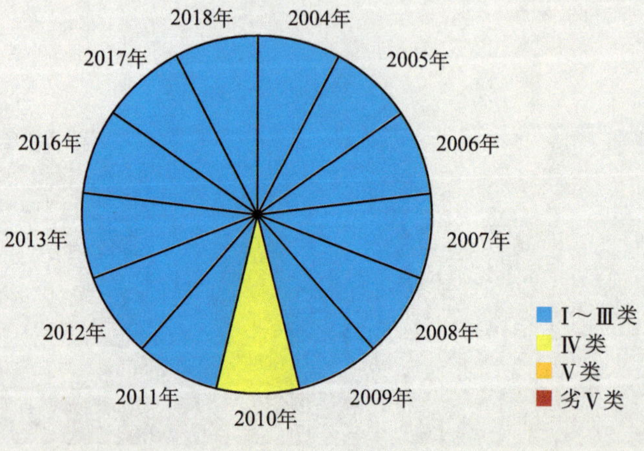

柴河水库入库口断面 2004—2018 年水质变化

柴河水库入库口断面上游

柴河水库入库口断面下游

2.8 柴河—东大桥

- **断面属性：**辽河一级支流入河口断面
- **断面地址：**辽宁省铁岭市铁岭县熊官屯村
- **设置目的：**反映柴河进入辽河前水质状况
- **断面类型和采样条件：**河岸断面；河面较宽，水流较浅，采样便利
- **周围环境描述和标志：**河面较宽，河岸植被多为草地和灌木
- **交通路线：**铁岭市—铁岭县—七里屯—熊官屯村
- **水质状况：**1995—2000 年，东大桥断面水质污染较重，总体为中度或重度污染水平，水质类别在Ⅳ～劣Ⅴ类，主要污染指标为化学需氧量、石油类和高锰酸盐指数。“十五”期间，水质有所好转，由中度污染改善至轻度污染，水质类别以Ⅳ类为主。自“十一五”以来，水质明显好转，多项指标浓度明显下降，水质保持在Ⅱ～Ⅲ类。2010—2013 年，均因石油类超标导致水质下降为Ⅳ类水质。2014 年至今，水质连续五年保持良好及以上。
- **大型底栖动物种类：**克拉泊水丝蚓、墨黑摇蚊、中华齿米虾、中华小长臂虾、狭萝卜螺。
- **着生藻类种类：**梅尼小环藻、窄异极藻、缢缩异极藻、橄榄绿异极藻、偏肿桥弯藻、尖布纹藻、嗜盐舟形藻、短小舟形藻、双头辐节藻、钝脆杆藻、平片针杆藻、肘状针杆藻、谷皮菱形藻、纤细新月藻。

◆ 东大桥断面桩

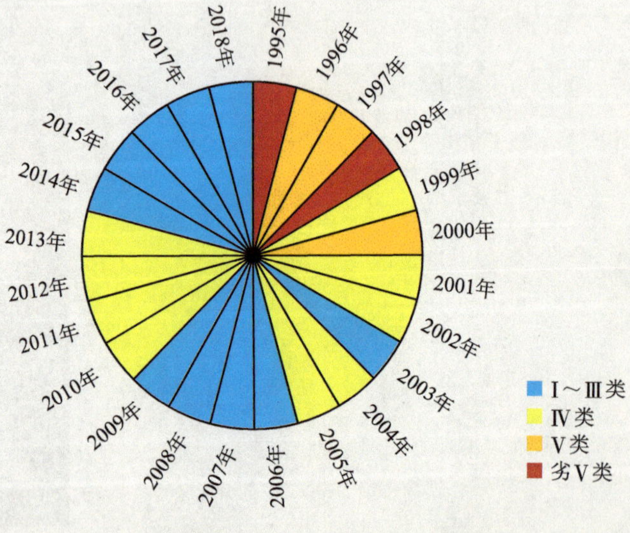

东大桥断面 1995—2018 年水质变化

▲ 东大桥断面上游

▲ 东大桥断面下游

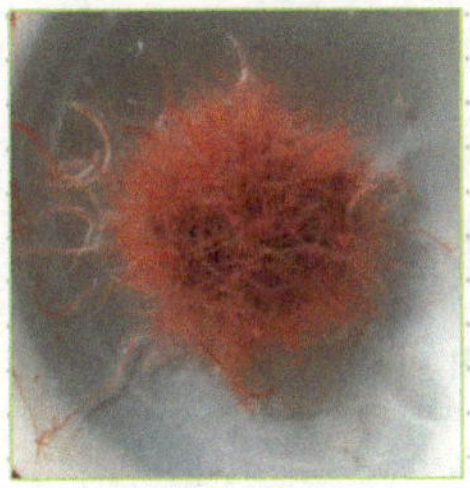

克拉泊水丝蚓

中华齿米虾

墨黑摇蚊

狭萝卜螺

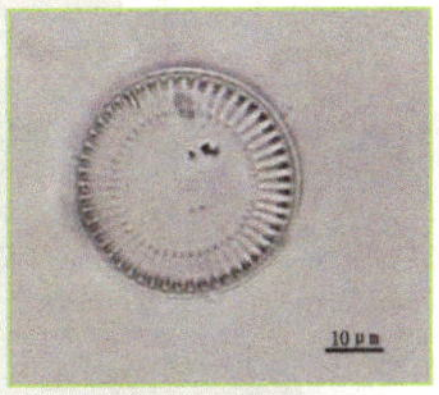

梅尼小环藻

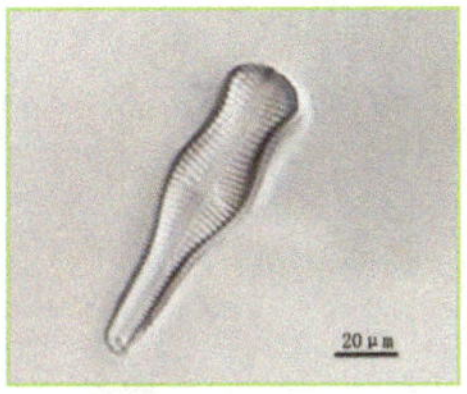

缢缩异极藻

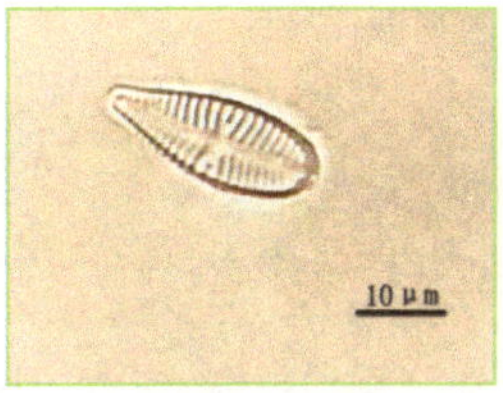

橄榄绿异极藻

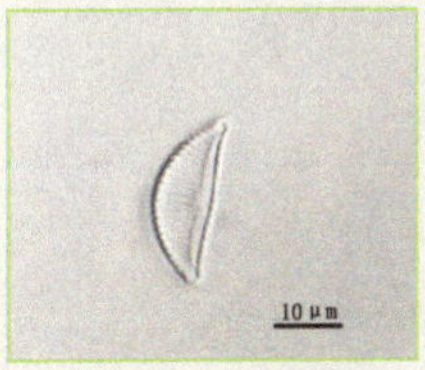

偏肿桥弯藻

尖布纹藻

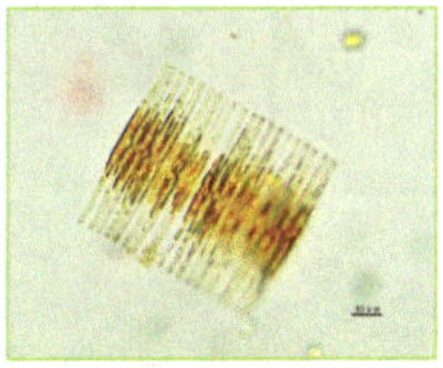

钝脆杆藻

2.9 凡河—凡河一号桥

- **断面属性**：辽河一级支流入河口断面
- **断面地址**：辽宁省铁岭市凡河新区
- **设置目的**：该断面可反映凡河入辽河前水质状况
- **断面类型和采样条件**：桥上采样，河面较宽，采样便利
- **周围环境描述和标志**：河岸植被多为灌木和草地
- **交通路线**：铁岭—凡河新区—黑龙江路—凡河一号桥
- **水质状况**：凡河一号桥断面于2016年开始监测，连续三年水质类别均为Ⅲ类，水质良好。

◆ 凡河一号桥断面桩

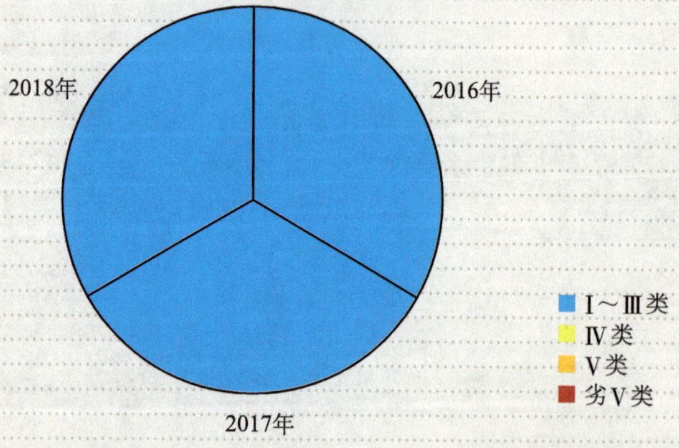

凡河一号桥断面2016—2018年水质变化

凡河一号桥断面上游 ▶

◀ 凡河一号桥断面下游

2.10 珠尔山

- **断面属性：** 辽河干流断面
- **断面地址：** 辽宁省铁岭市铁岭县新台子镇珠尔山村
- **设置目的：** 该断面反映辽河铁岭段出境水质
- **断面类型和采样条件：** 河岸断面；河面较宽，水流很大，采样便利
- **周围环境描述和标志：** 两岸主要为农田
- **交通路线：** 铁岭市—新台子镇—珠尔山村
- **水质状况：** 1994—2009 年，珠尔山断面水质污染严重，十六年间全部为劣Ⅴ类水质。1994—2000 年，主要污染指标为化学需氧量和高锰酸盐指数。“十五”期间氮污染问题凸显，氨氮和生化需氧量为主要污染指标，2005 年污染最重，5 项指标浓度超Ⅴ类水质标准。“十一五”以来，水质逐年好转，多项指标浓度明显下降，2010 年首次符合Ⅴ类水质标准，由重度污染改善至中度污染。2011 年至今，水质连续八年稳定保持在Ⅳ类。
- **大型底栖动物种类：** 八目石蛭、墨黑摇蚊、眼斑扩腹春蜓、中华小长臂虾、圆顶珠蚌、纹沼螺、狭萝卜螺、耳萝卜螺、梨形环棱螺。
- **着生藻类种类：** 广缘小环藻、梅尼小环藻、颗粒直链藻、缢缩异极藻头状变种、偏肿桥弯藻、细小桥弯藻、简单舟形藻、双头辐节藻、环状扇形藻、尖针杆藻、平片针杆藻、粗壮双菱藻、谷皮菱形藻、双尖菱板藻、简单尾丝藻、小球衣藻、二形栅藻、四尾栅藻、四角十字藻、短刺四星藻、湖生卵囊藻、拟菱形弓形藻、小球藻、狭形纤维藻、针形纤维藻、巨颤藻、细鞘丝藻、中华小尖头藻、点形粘球藻、微小色球藻、绿色裸藻。

◆ 珠尔山断面桩

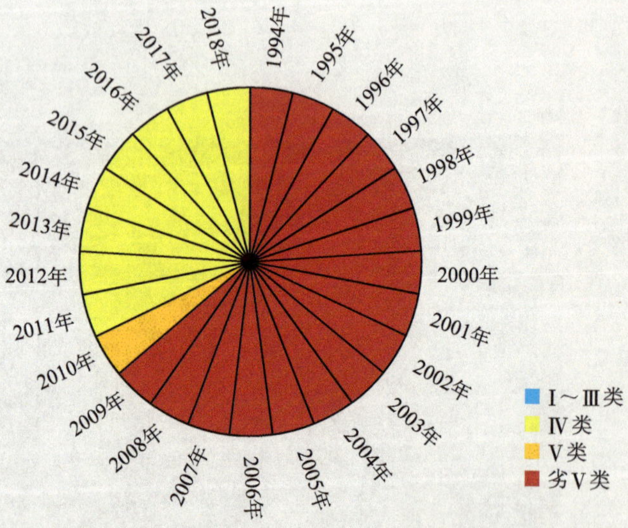

珠尔山断面 1994—2018 年水质变化

▲ 珠尔山断面上游

▲ 珠尔山断面下游

八目石蛭

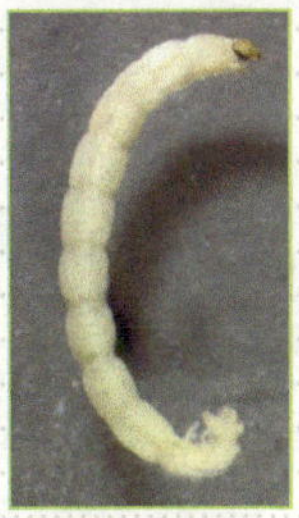
墨黑摇蚊

中华小长臂虾

圆顶珠蚌

纹沼螺

耳萝卜螺

梨形环棱螺

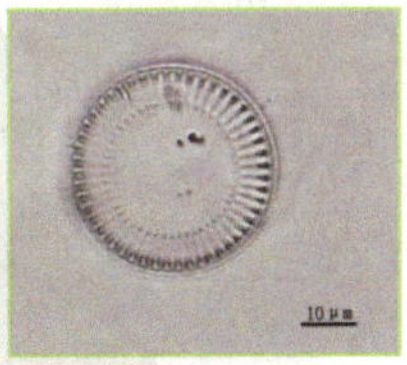
梅尼小环藻

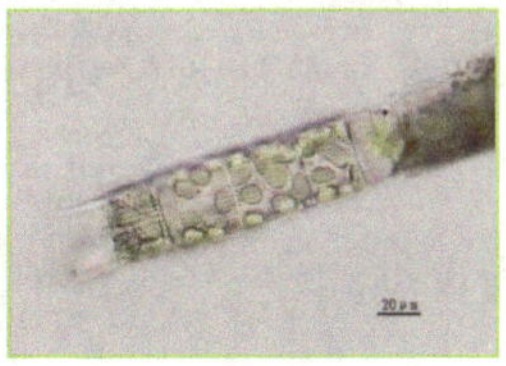
颗粒直链藻

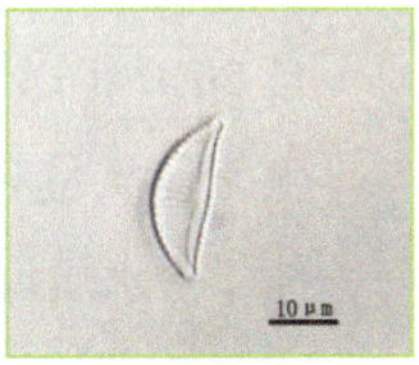
偏肿桥弯藻

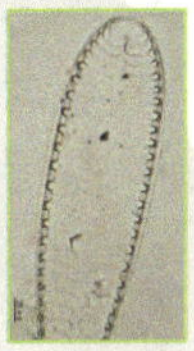
粗壮双菱藻

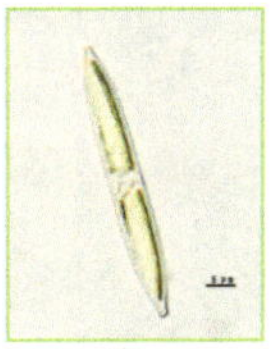
谷皮菱形藻

二形栅藻

四角十字藻

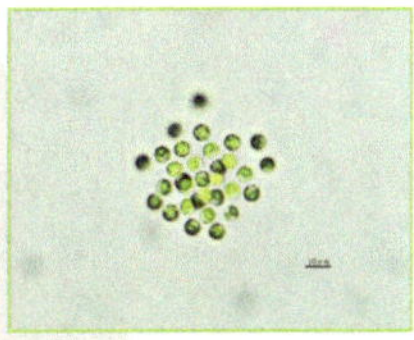
小球藻

绿色裸藻

2.11 拉马河—拉马桥

- **断面属性**：辽河一级支流入河口断面
- **断面地址**：沈阳市法库县伊牛堡子乡东拉马村
- **设置目的**：反映拉马河入辽河前水质情况
- **断面类型和采样条件**：河流断面；桥上采样，采样便利
- **周围环境描述和标志**：河面宽度小，河岸两侧皆为农田和村庄
- **交通路线**：沈阳—沈康高速—伊牛堡子—G203—S105—东拉马河村—拉马桥
- **水质状况**：2004—2009 年，拉马河断面水质总体良好，水质以Ⅲ类为主，2005 年为Ⅳ类水质（因化学需氧量超Ⅲ类标准），2007 年因氨氮超标导致水质为劣Ⅴ类水质。自 2010 年以来，水质总体为轻度污染，主要污染指标为生化需氧量和化学需氧量，除 2015 年为Ⅴ类水质外，其他年份水质均为Ⅳ类。

◆ 拉马桥断面桩

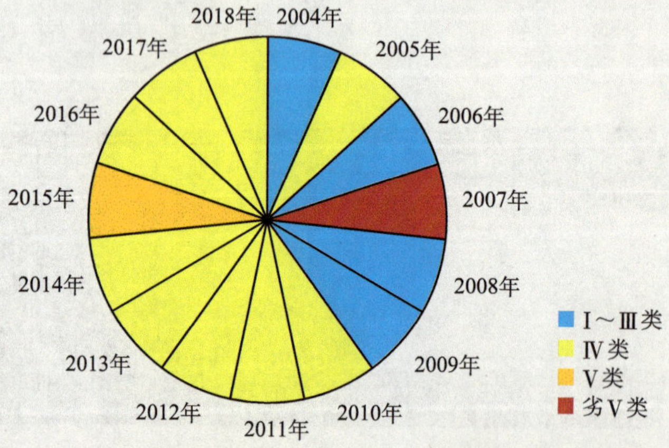

拉马桥断面 2004—2018 年水质变化

拉马桥断面上游

拉马桥断面下游

2.12 马虎山

- **断面属性**：辽河干流断面
- **断面地址**：沈阳新民市三道岗子乡马虎山村马虎山大桥
- **设置目的**：该断面可反映辽河沈阳段水质情况
- **断面类型和采样条件**：河流断面；桥上采样，马虎山大桥桥面较高，同时桥面宽度较窄，时有重型货车通过，有一定的安全隐患，采样条件一般
- **周围环境描述和标志**：河岸两侧皆为农田
- **交通路线**：沈阳—二环路—黄河大街—道义大街—G101—马虎山大桥
- **水质状况**：1994—2009 年，马虎山断面水质污染均严重，十六年间，除 1995—1997 年为Ⅴ类水质外，其余年份全部为劣Ⅴ类水质。1994—2000 年，主要污染指标为化学需氧量和高锰酸盐指数，“十五”期间氮、磷污染问题凸显，氨氮、生化需氧量和总磷为主要污染指标，2003—2004 年污染最重，5 项指标浓度超Ⅴ类水质标准，自“十一五”以来，水质明显好转，多项指标浓度明显下降，2010 年首次符合Ⅴ类水质标准，由重度污染改善为中度污染。2011 年至今，水质类别保持在Ⅲ～Ⅴ类。

◆ 马虎山断面桩

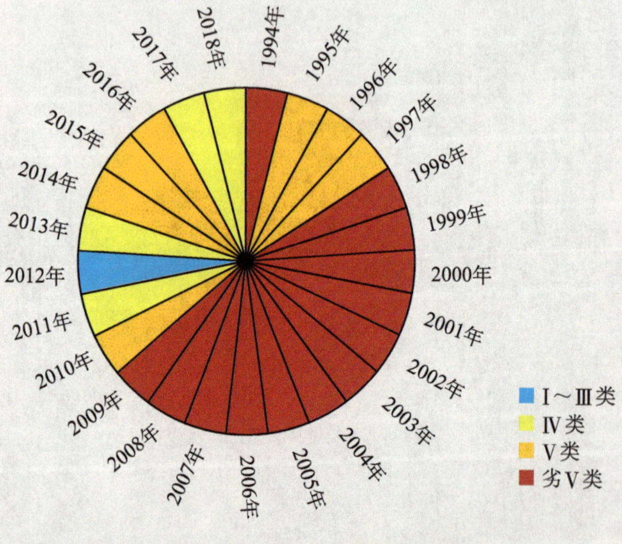

马虎山断面 1994—2018 年水质变化

马虎山断面上游

马虎山断面下游

2.13 巨流河大桥

- **断面属性**：辽河干流断面
- **断面地址**：辽宁省沈阳新民市高台子乡 G304 国道跨辽河桥
- **设置目的**：该断面可反映辽河沈阳段中游水质状况
- **断面类型和采样条件**：河流断面；桥上采样，河面较宽，水流较深，采样便利
- **周围环境描述和标志**：位于 G304 新民段跨辽河桥，桥上交通繁忙，河面较宽，河岸植被多为灌木和草地
- **交通路线**：沈阳—G304 国道—巨流河大桥
- **水质状况**：1995—2018 年，巨流河大桥断面仅监测六年，1998—2015 年无监测数据。1995 年为重度污染，主要表现为化学需氧量浓度高。1996 年和 1997 年为中度污染，主要污染指标为化学需氧量和高锰酸盐指数。2016—2018 年水质明显好转，为中度或轻度污染水平，水质类别在Ⅳ～Ⅴ类，化学需氧量浓度由Ⅴ类好转至Ⅳ类，高锰酸盐指数浓度由Ⅴ类好转至Ⅲ类。

◆ 巨流河大桥断面桩

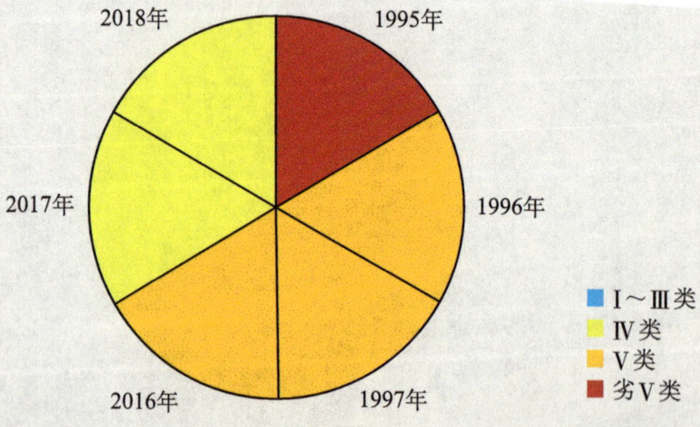

巨流河大桥断面 1995—2018 年水质变化

巨流河大桥断面上游

巨流河大桥断面下游

2.14 柳河—柳河桥

- **断面属性：**辽河一级支流入河口断面
- **断面地址：**沈阳新民市柳河大桥
- **设置目的：**该断面反映柳河入辽河前水质情况
- **断面类型和采样条件：**河流断面；桥上采样，柳河大桥桥面较高，桥体距离河面距离较远，采样条件一般
- **周围环境描述和标志：**河面宽度约 25 m，河岸两侧皆为农田
- **交通路线：**沈阳—二环路—沈新路—新民市—G102—柳河大桥
- **水质状况：**2005—2018 年，柳河桥断面水质总体呈轻度污染，十四年间水质类别在Ⅳ～Ⅴ类。“十一五”期间，水质总体为中度污染，主要污染指标为生化需氧量、高锰酸盐指数和化学需氧量。“十二五”以来，水质状况由中度污染好转为轻度污染，并且连续八年保持为Ⅳ类水质。

◆ 柳河桥断面桩

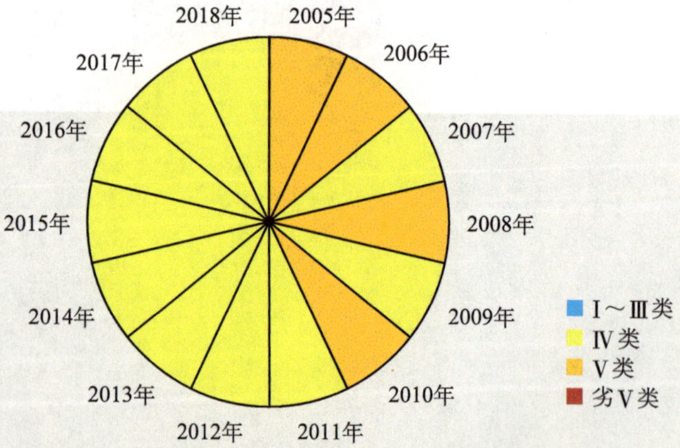

柳河桥断面 2005—2018 年水质变化

◀ 柳河桥断面上游

▼ 柳河桥断面下游

2.15 红庙子

- **断面属性：**辽河干流断面
- **断面地址：**沈阳沈阳市辽中县 S102 省道辽河大桥
- **设置目的：**该断面反映辽河沈阳出境水质情况
- **断面类型和采样条件：**河流断面；桥上采样，马虎山大桥桥面较高，桥体距离河面距离较远，采样条件一般
- **周围环境描述和标志：**河面宽度较大，河岸两侧皆为农田
- **交通路线：**沈阳—开发大道—沈西大道—茨长线—十大线—沈盘线—红庙子辽河大桥
- **水质状况：**1994—2009 年，红庙子断面水质污染严重，十六年间，除 1997 年为Ⅴ类水质外，其余年份全部为劣Ⅴ类水质。1994—2000 年，主要污染指标为化学需氧量和高锰酸盐指数。“十五”期间氮、磷污染问题凸显，氨氮、生化需氧量和总磷为主要污染指标，2003—2004 年污染最重，5 项指标浓度超Ⅴ类水质标准。自“十一五”以来，水质明显好转，多项指标浓度明显下降，2010 年首次符合Ⅴ类水质标准，由重度污染改善为中度污染。2011 年至今，水质类别保持在Ⅲ～Ⅴ类。
- **大型底栖动物种类：**苏氏尾鳃蚓、斑点小划蝽、新宾纺蚋、弯拟摇蚊、德永雕翅摇蚊、多齿齿斑摇蚊、盖氏特突摇蚊、纳维原石蚕、短线短脉纹石蚕、兼长角纹石蚕、卡罗长角纹石蚕、雅丝扁蚴蜉、日本等蜉、四节蜉、青步甲、中华齿米虾、中华小长臂虾、拟丽蚌。
- **着生藻类种类：**梅尼小环藻、变异直链藻、简单舟形藻、脆杆藻、针杆藻、菱形藻、游丝藻、栅藻、四尾栅藻、弯曲栅藻、斜生栅藻、小球藻、颤藻、裸藻、带形裸藻、囊裸藻、黄丝藻。

◆ 红庙子断面桩

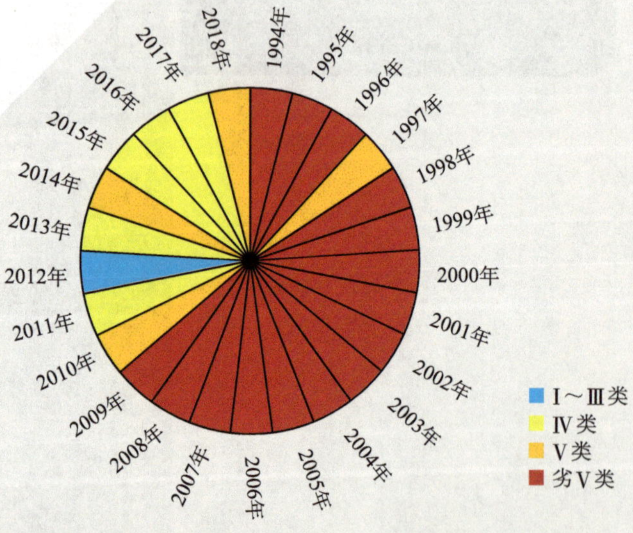

红庙子断面 1994—2018 年水质变化

▲ 红庙子断面上游

▲ 红庙子断面下游

苏氏尾鳃蚓

斑点小划蝽

新宾纺蚋

德永雕翅摇蚊

纳维原石蚕

短线短脉纹石蚕

雅丝扁蜉蝣

青步甲

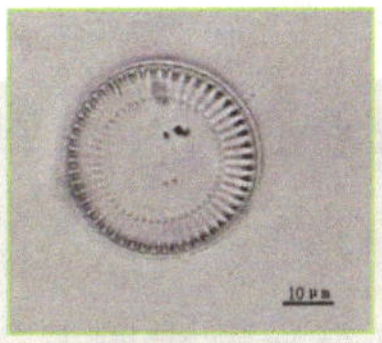

梅尼小环藻

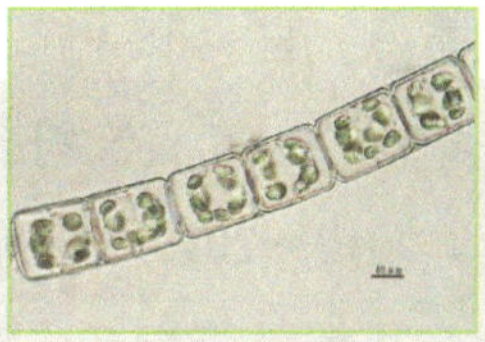

变异直链藻

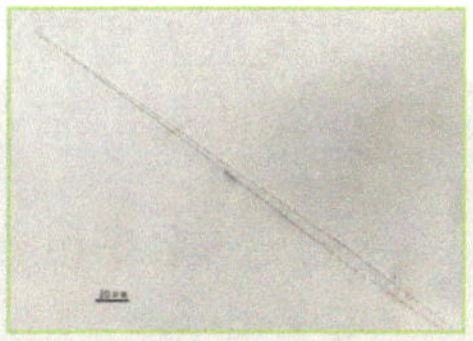

针杆藻

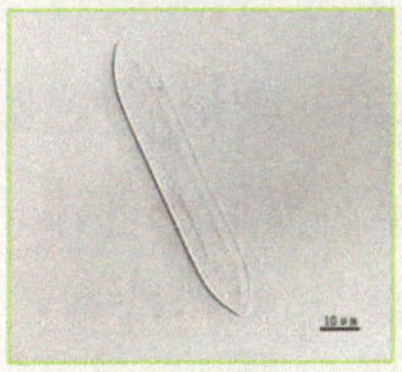

菱形藻

四尾栅藻

斜生栅藻

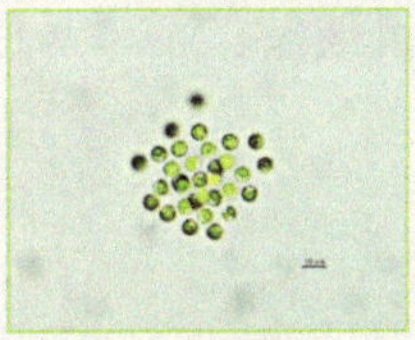

小球藻

带形裸藻

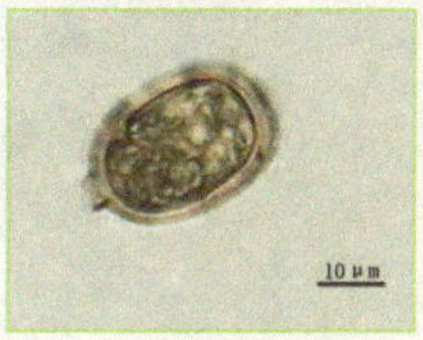

囊裸藻

2.16 盘锦兴安

- **断面属性：**辽河干流断面
- **断面地址：**辽宁省盘锦市盘山县吴家镇孙家社区冷东大桥 / 吴家乡双桥子村
- **设置目的：**该断面反映辽河进入盘锦前水质状况
- **断面类型和采样条件：**河流断面；桥上采样，采样便利
- **周围环境描述和标志：**河面宽度约 150 m，河流两侧为芦苇和杂草，岸边有大量油井和成排树木
- **交通路线：**盘锦—兴隆台—辽河路—科技大街—S312—油田专用公路—冷东大桥
- **水质状况：**1994—2008 年，盘锦兴安断面水质污染严重，十五年期间均为劣Ⅴ类水质。1994—2000 年，主要污染指标为化学需氧量。“十五”期间氮污染问题凸显，氨氮、高锰酸盐指数和生化需氧量为主要污染指标。自“十一五”以来，水质逐年好转，多项指标浓度明显下降，2009 年首次符合Ⅴ类水质标准，由重度污染改善至中度污染。2012—2017 年，水质类别连续六年保持Ⅳ类水质。2018 年因化学需氧量等指标浓度略高导致水质下降为Ⅴ类水质。
- **大型底栖动物种类：**苏氏尾鳃蚓、圆顶珠蚌、梨形环棱螺。
- **着生藻类种类：**广缘小环藻、扭曲小环藻、梅尼小环藻、颗粒直链藻、颗粒直链藻极狭变种、扁圆卵形藻、箱形桥弯藻、舟形藻、隐头舟形藻、钝脆杆藻、尖针杆藻、平片针杆藻、肘状针杆藻、谷皮菱形藻、纤维藻、土生绿球藻、光滑鼓藻、库津新月藻、伪鱼腥藻、色球藻。

◆ 盘锦兴安断面桩

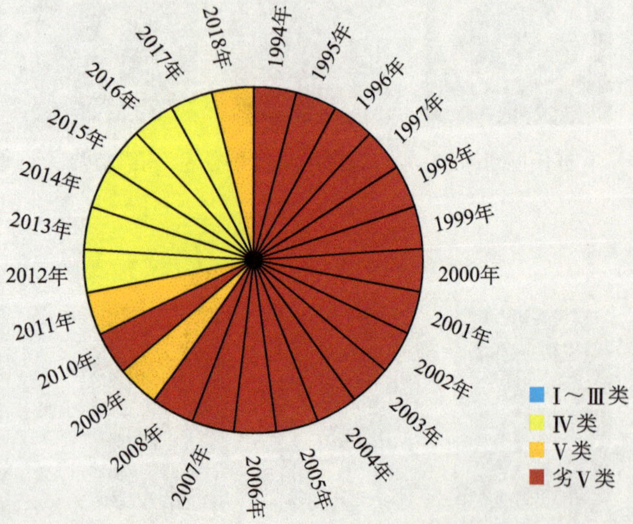

盘锦兴安断面 1994—2018 年水质变化

▲ 盘锦兴安断面上游

▲ 盘锦兴安断面下游

苏氏尾鳃蚓

圆顶珠蚌

梨形环棱螺

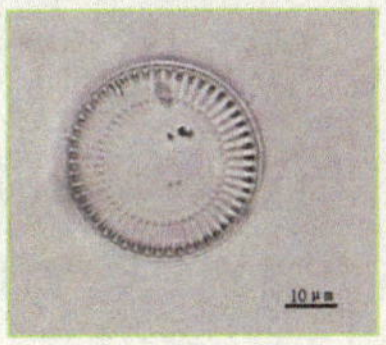
梅尼小环藻

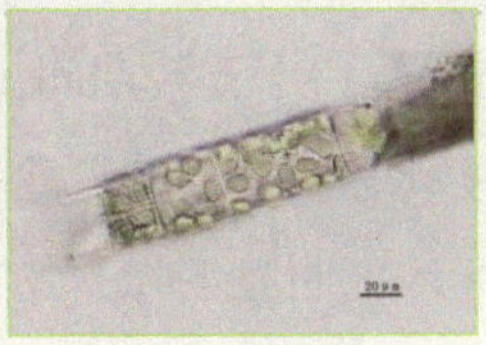
颗粒直链藻

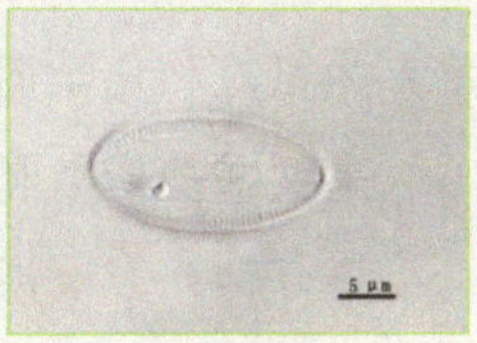
扁圆卵形藻

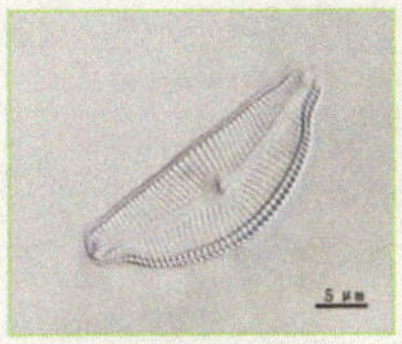
箱形桥弯藻

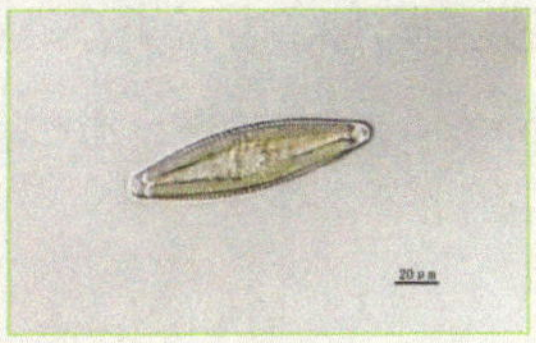
舟形藻

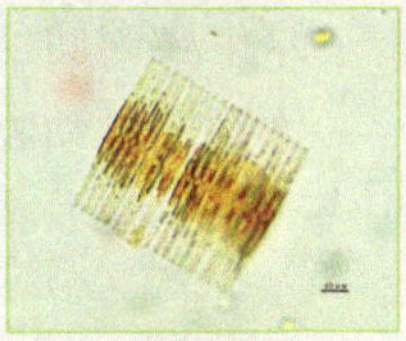
钝脆杆藻

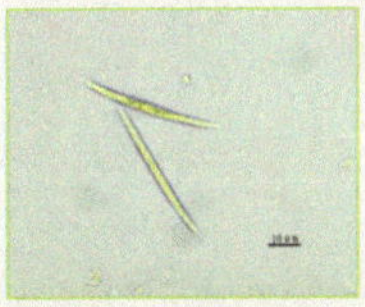
纤维藻

库津新月藻

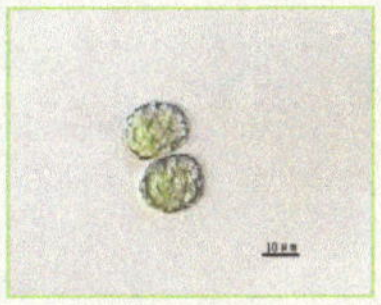
色球藻

2.17 曙光大桥

- **断面属性：**辽河干流断面
- **断面地址：**辽宁省盘锦市大洼县新兴镇曙光大桥
- **设置目的：**该断面反映辽河盘锦段水质状况
- **断面类型和采样条件：**河流断面；桥上采样，采样便利
- **周围环境描述和标志：**河面宽度约 200 m，河流两侧为芦苇，岸边为杂草和芦苇
- **交通路线：**盘锦—大锦线—曙光大桥
- **水质状况：**1994—2010 年，曙光大桥断面水质污染严重，十七年间均为劣Ⅴ类水质。1994—2000 年，主要污染指标为氨氮和化学需氧量。“十五”期间主要污染指标为总磷、高锰酸盐指数和生化需氧量。自“十一五”以来，水质明显好转，多项指标浓度明显下降。2011 年首次符合Ⅴ类水质标准，由重度污染改善为中度污染。2012—2017 年，水质类别连续六年保持Ⅳ类水质。2018 年因化学需氧量等指标浓度略高导致水质下降为Ⅴ类。
- **大型底栖动物种类：**疣吻沙蚕、中华绒螯蟹。

◆ 曙光大桥断面桩

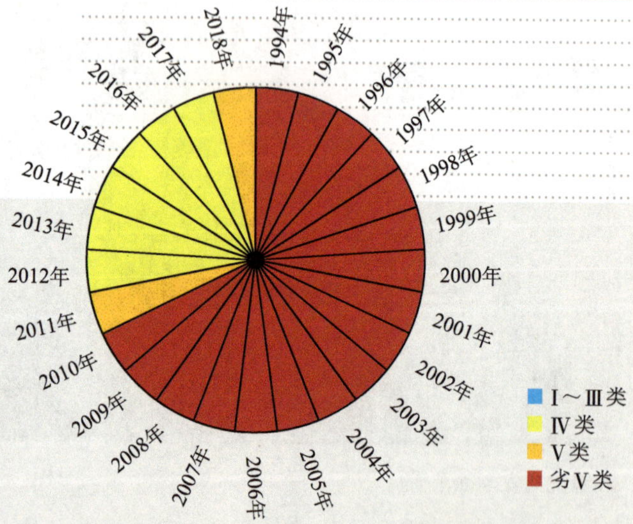

曙光大桥断面 1995—2018 年水质变化

曙光大桥断面上游

曙光大桥断面下游

疣吻沙蚕

中华绒螯蟹

2.18 庞家河—柳家桥

- **断面属性：** 辽河二级支流入（绕阳河）河口断面
- **断面地址：** 辽宁省北镇市柳家乡
- **设置目的：** 该断面反映庞家河入绕阳河前水质状况
- **断面类型和采用条件：** 河流断面；河面较窄，但水流较浅，采样便利
- **周围环境描述和标志：** 河面宽约 5 m，周围植被为林地
- **交通路线：** 锦州市—凌海市—北镇市—柳家乡
- **水质状况：** 2011—2018 年，柳家桥断面水质总体污染较重。2011—2012 年，因氨氮或总磷超标为重度污染。2013 年，各项污染指标浓度明显下降，水质状况首次好转为轻度污染，并连续三年保持为Ⅳ类水质。2016 年，总磷污染问题凸显，成为主要污染物，水质下降为劣Ⅴ类。2017 年，由重度污染好转为中度污染，水质类别为Ⅴ类。2018 年，因氨氮、总磷等浓度上升使水质下降为劣Ⅴ类。

◆ 柳家桥断面桩

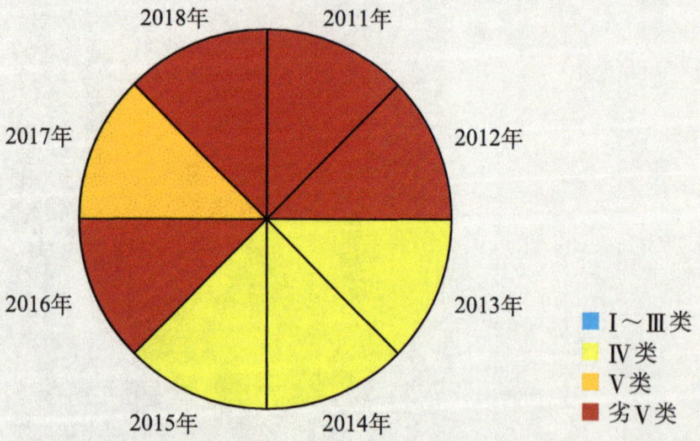

柳家桥断面 2011—2018 年水质变化

◀ 柳家桥断面上游

▼ 柳家桥断面下游

2.19 沙子河—沟帮子镇

- **断面属性**：辽河二级支流入（绕阳河）河口断面
- **断面地址**：辽宁省北镇市沟帮子镇
- **设置目的**：该断面反映沙子河进入绕阳河前的水质状况
- **断面类型和采用条件**：河流断面；河面较窄，但水流较浅，采样便利
- **周围环境描述和标志**：河面宽约 5 m，周围植被状况较差，河岸两侧为草地，采样便利
- **交通路线**：锦州市—凌海市—北镇市—沟帮子开发区
- **水质状况**：2011—2018 年，沟帮子镇断面水质总体为轻度污染。2011 年，水质类别为Ⅴ类。2012 年和 2013 年，各项污染指标明显下降，由中度污染转为良好水平，水质类别均为Ⅲ类。2014—2017 年，除 2015 年因氨氮、化学需氧量和生化需氧量超标为劣Ⅴ类水质外，其余年份均为Ⅳ类水质。2018 年沟帮子镇断面断流。

◆ 沟帮子镇断面桩

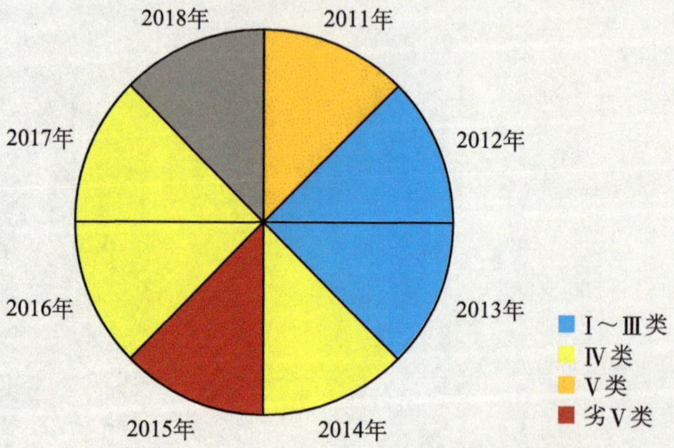

沟帮子镇断面 2011—2018 年水质变化

沟帮子镇断面上游

沟帮子镇断面下游

2.20 绕阳河—胜利塘

- **断面属性**：辽河一级支流入河口断面
- **断面地址**：辽宁省盘锦市盘山县东郭镇胜利塘大桥
- **设置目的**：该断面反映支流绕阳河入辽河前的水质状况
- **断面类型和采样条件**：河流断面；桥上采样，采样便利
- **周围环境描述和标志**：河面宽度约 80 m，河流两侧为芦苇，岸边有杂草和芦苇
- **交通路线**：盘锦—大锦线—胜利塘大桥
- **水质状况**：2002—2010 年，胜利塘断面水质污染严重，九年间均为劣Ⅴ类水质，主要污染指标为高锰酸盐指数、氨氮和化学需氧量。2011 年，首次符合Ⅴ类水质标准，由重度污染改善为中度污染。2012—2016 年，水质类别连续五年符合Ⅳ类标准，由中度污染改善为轻度污染。2017—2018 年因化学需氧量浓度上升导致水质下降为Ⅴ类。

◆ 胜利塘断面桩

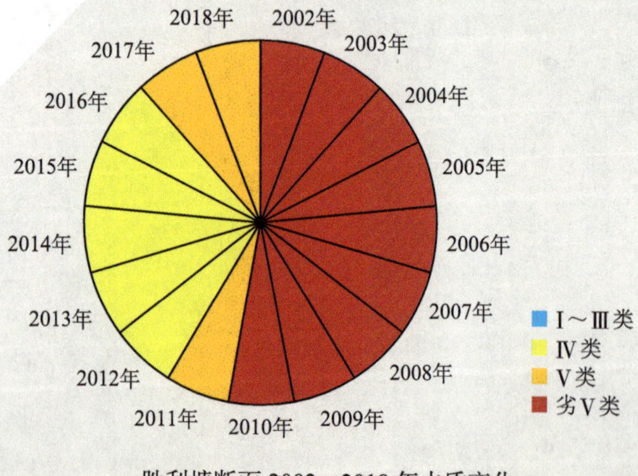

胜利塘断面 2002—2018 年水质变化

◀ 胜利塘断面上游

胜利塘断面下游 ▶

2.21 赵圈河

- **断面属性**：辽河干流断面
- **断面地址**：辽宁省盘锦市大洼县新兴镇辽河大桥
- **设置目的**：该断面反映辽河入渤海前的水质状况
- **断面类型和采样条件**：河流断面；桥上采样，采样便利
- **周围环境描述和标志**：河面宽度约 250 m，河流两侧为芦苇，岸边有杂草和芦苇
- **交通路线**：盘锦—中华路—兴辽路—辽河大桥
- **水质状况**：1994—2008 年，赵圈河断面水质污染严重，十五年间，除了 2001 年和 2004 年为Ⅴ类水质外，其余年份均为劣Ⅴ类水质。1994—2000 年，主要污染指标为氨氮和化学需氧量。“十五”期间主要污染指标为总磷、生化需氧量和高锰酸盐指数。自“十一五”以来，水质明显好转，多项指标浓度明显下降，2009 年首次符合Ⅴ类水质标准，由重度污染改善至中度污染。2012 年至今，水质保持为Ⅳ类。

◆ 赵圈河断面桩

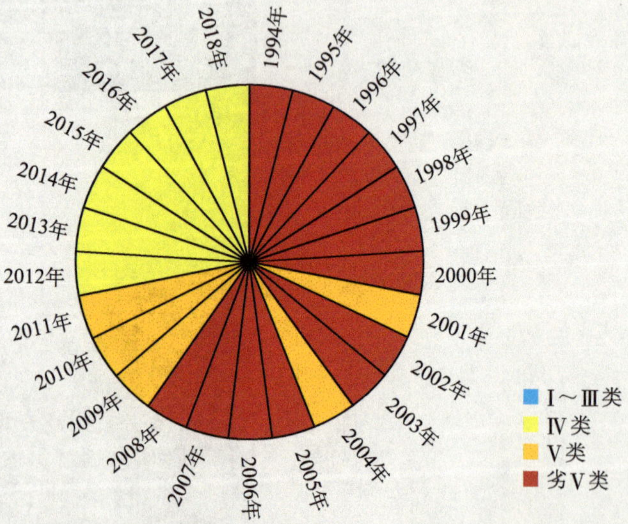

赵圈河断面 1994—2018 年水质变化

赵圈河断面上游

赵圈河断面下游

第3章

浑 河

3.1 浑37左

- **断面属性：**大伙房水库库区断面
- **断面地址：**辽宁省抚顺市东洲区章党镇
- **设置目的：**反映大伙房水库库区水质状况
- **断面类型和采样条件：**湖库断面；乘船采样，库面宽广，水流较深
- **周围环境描述和标志：**周围是山和缓坡地，植被状况良好
- **交通路线：**抚顺—202 国道—营盘—养殖场
- **水质状况：**1990—2018 年，浑 37 左断面水质良好，水质类别主要在Ⅱ～Ⅲ类，2013 年因暴雨导致总磷浓度略有升高，为Ⅳ类水质。
- **大型底栖动物种类：**瑞士水丝蚓、霍甫水丝蚓、羽摇蚊。
- **浮游藻类种类：**梅尼小环藻、胡斯特桥弯藻、最小舟形藻、短小舟形藻、简单舟形藻、钝脆杆藻、尖针杆藻、四尾栅藻、四足十字藻、皮状席藻、啮蚀隐藻、尖尾蓝隐藻。

◆ 浑 37 左断面

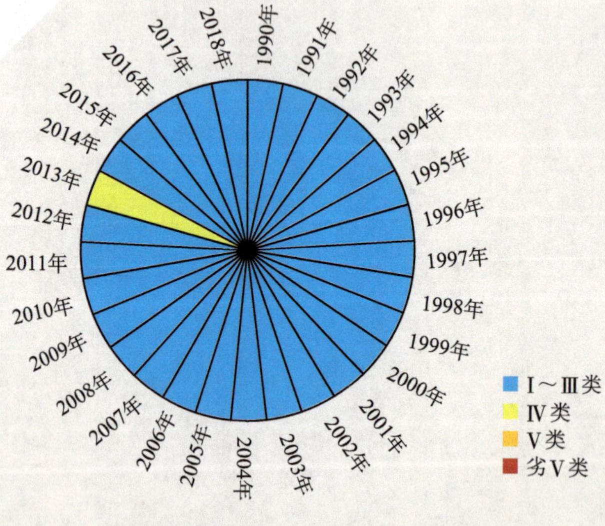

浑 37 左断面 1990—2018 年水质变化

▲ 浑 37 左断面

▲ 浑 37 左断面

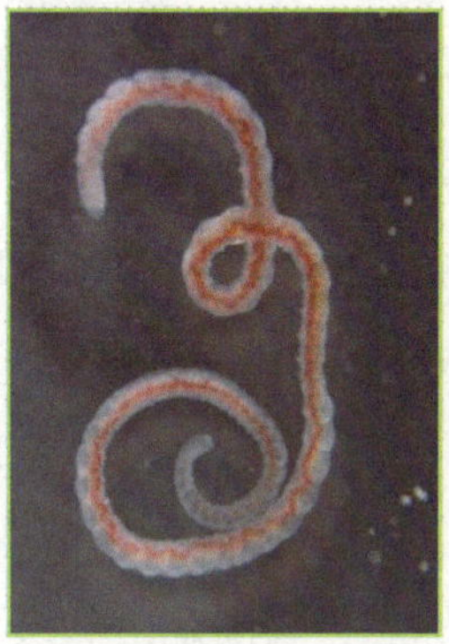

霍甫水丝蚓

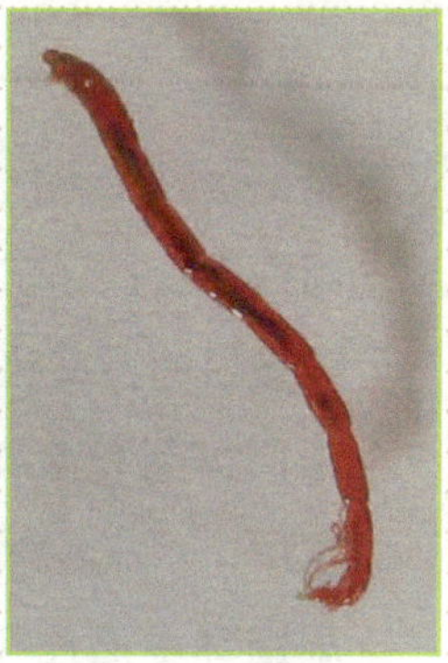

羽摇蚊

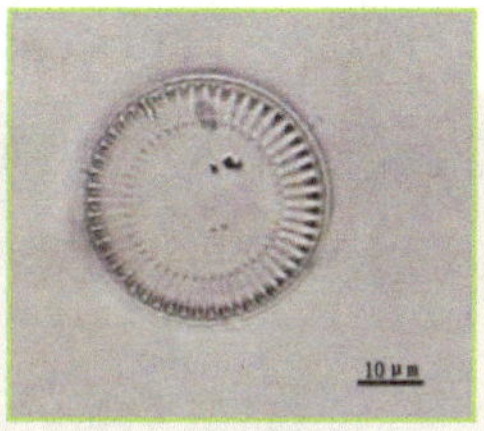

梅尼小环藻

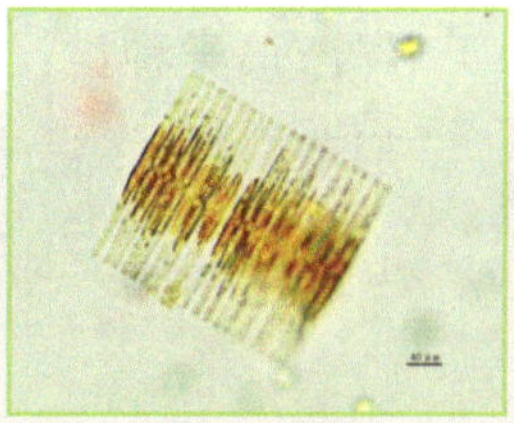

钝脆杆藻

四尾栅藻

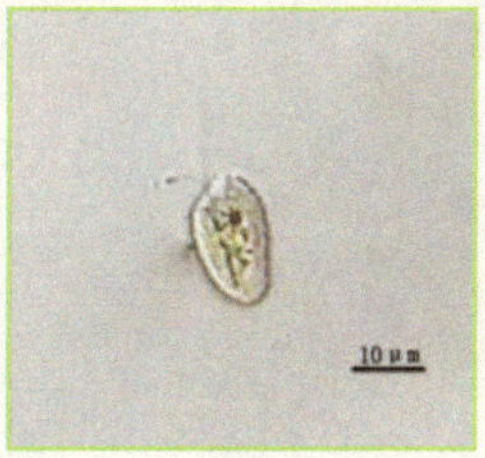

啮蚀隐藻

3.2 浑7右

- **断面属性**：大伙房水库库区断面
- **断面地址**：辽宁省抚顺市东洲区章党镇
- **设置目的**：反映大伙房水库库区水质状况
- **断面类型和采样条件**：湖库断面；乘船采样，库面宽广，水流较深
- **周围环境描述和标志**：周围是山和缓坡地，植被状况良好
- **交通路线**：抚顺—202 国道—营盘—养殖场—上船
- **水质状况**：2006—2018 年，浑 7 右断面水质良好，水质类别主要在Ⅱ～Ⅲ类，2013 年因暴雨导致总磷浓度略有升高，为Ⅳ类水质。
- **大型底栖动物种类**：瑞士水丝蚓、霍甫水丝蚓。
- **浮游藻类种类**：梅尼小环藻、短小舟形藻、简单舟形藻、双头辐节藻、尖针杆藻、四尾栅藻、小球藻、卷曲纤维藻、银灰平裂藻、啮蚀隐藻、尖尾蓝隐藻。

▲ 浑 7 右断面

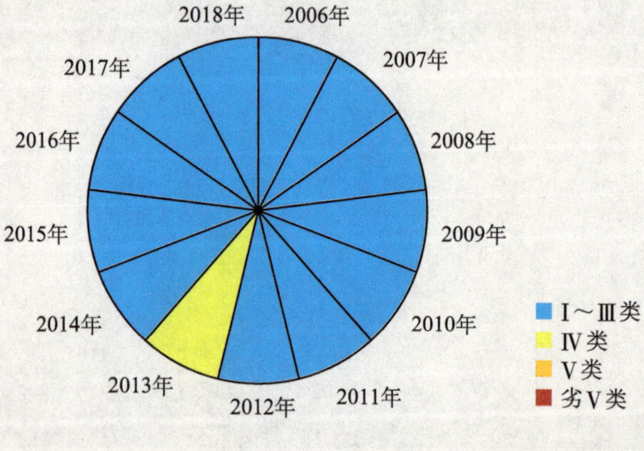

浑 7 右断面 2006—2018 年水质变化

▲ 浑7右断面

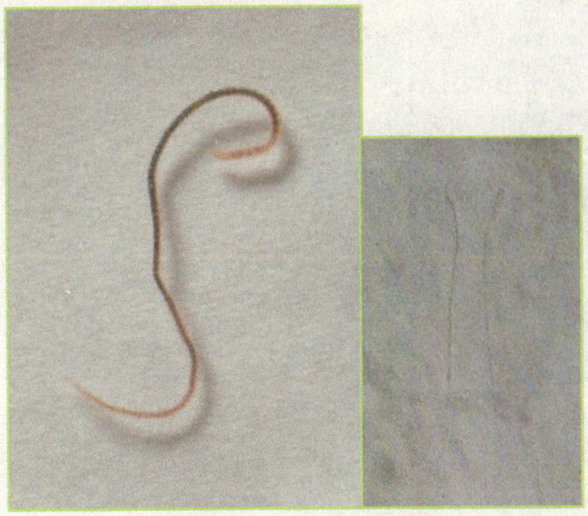

瑞士水丝蚓及其阴茎鞘

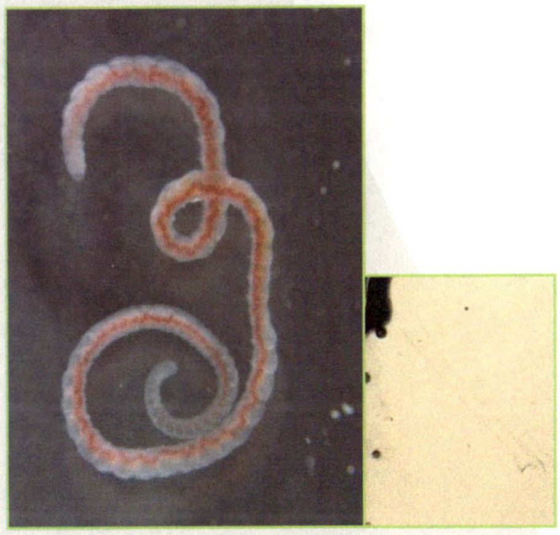

霍甫水丝蚓及其阴茎鞘

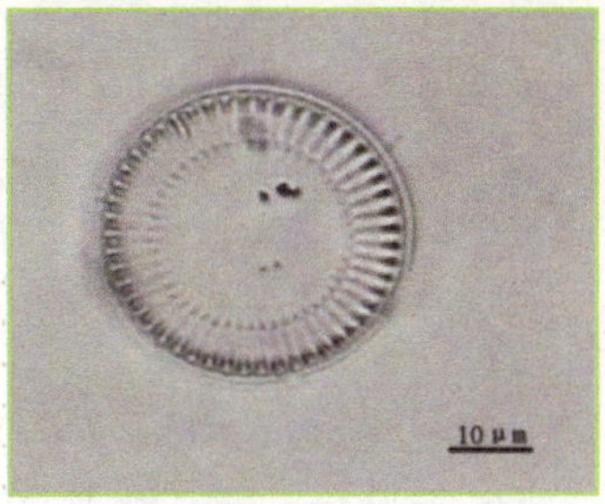

梅尼小环藻

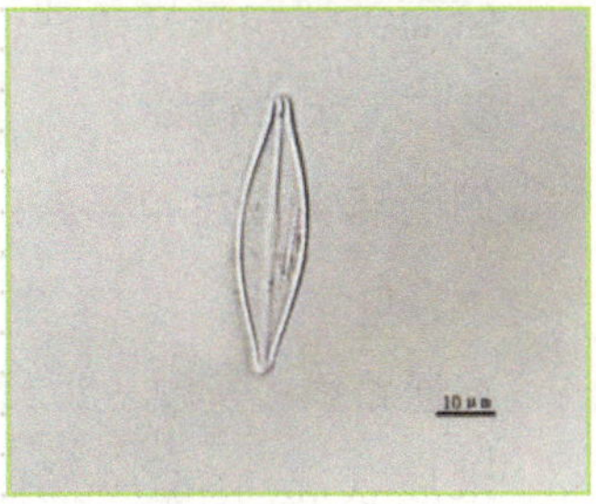

双头辐节藻

四尾栅藻

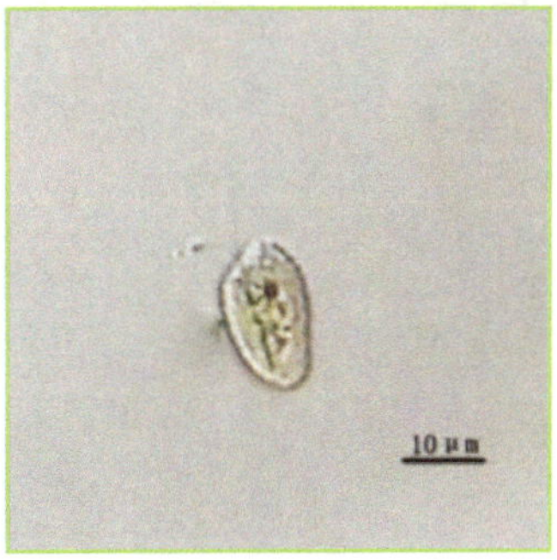

啮蚀隐藻

3.3 浑7左

- **断面属性**：大伙房水库库区断面
- **断面地址**：辽宁省抚顺市东洲区章党镇
- **设置目的**：反映大伙房水库库区水质状况
- **断面类型和采样条件**：湖库断面；乘船采样，库面宽广，水流较深
- **周围环境描述和标志**：周围是山和缓坡地，植被状况良好
- **交通路线**：抚顺—202 国道—营盘—养殖场—上船
- **水质状况**：1990—2018 年，浑 7 左断面水质良好，水质类别主要在Ⅱ～Ⅲ类，仅 2002 年及 2013 年因总磷浓度略高，为Ⅳ类水质。
- **大型底栖动物种类**：瑞士水丝蚓、霍甫水丝蚓。
- **浮游藻类种类**：梅尼小环藻、科曼小环藻、最小舟形藻、简单舟形藻、双头辐节藻、钝脆杆藻、尖针杆藻、集星藻、狭形纤维藻、水溪绿球藻、皮状席藻、啮蚀隐藻、尖尾蓝隐藻。

▲ 浑 7 左断面

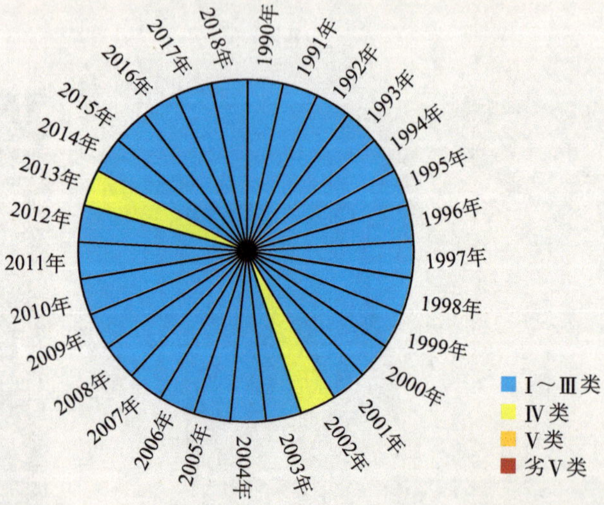

浑 7 左断面 1990—2018 年水质变化

▲ 浑7左断面

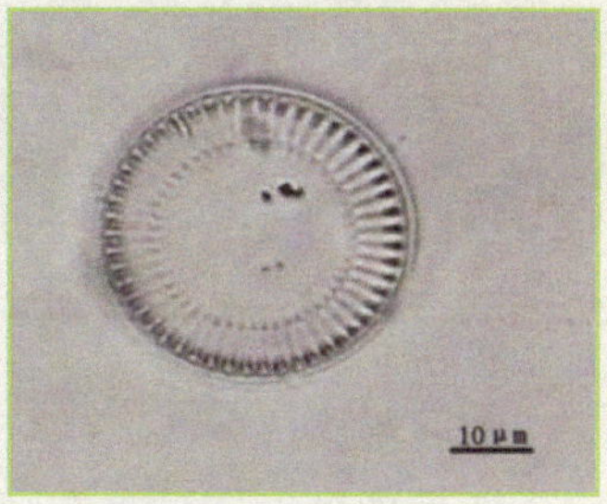

梅尼小环藻

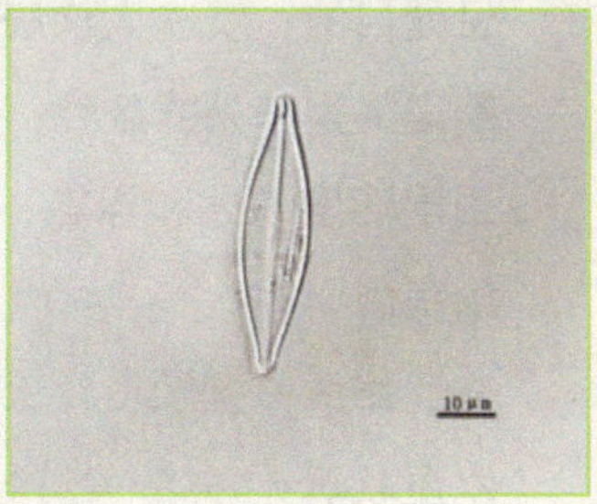

双头辐节藻

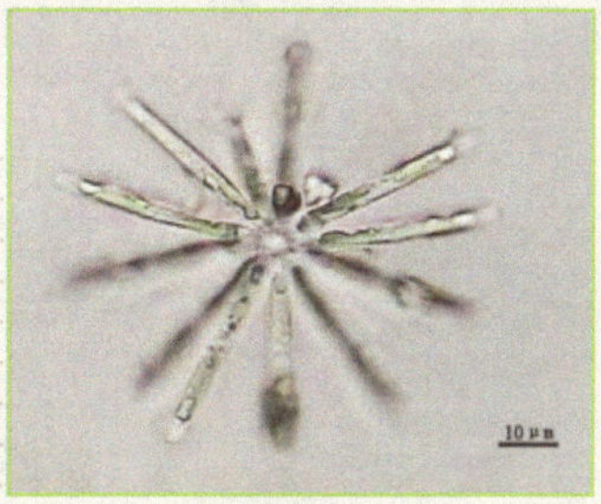

集星藻

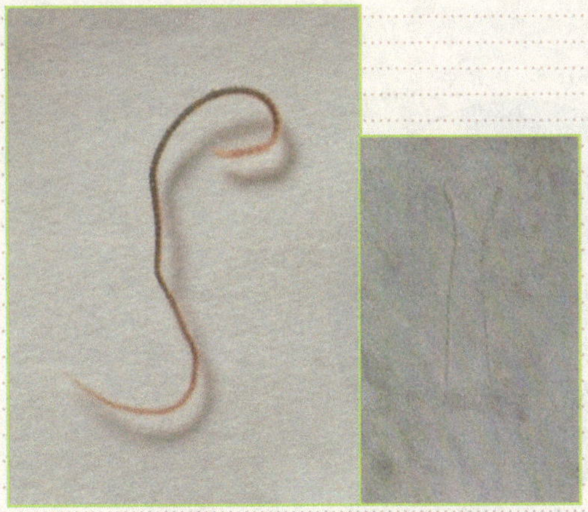

瑞士水丝蚓及其阴茎鞘

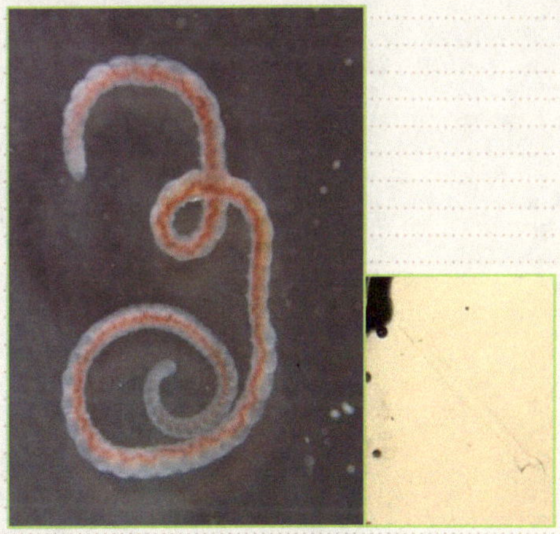

霍甫水丝蚓及其阴茎鞘

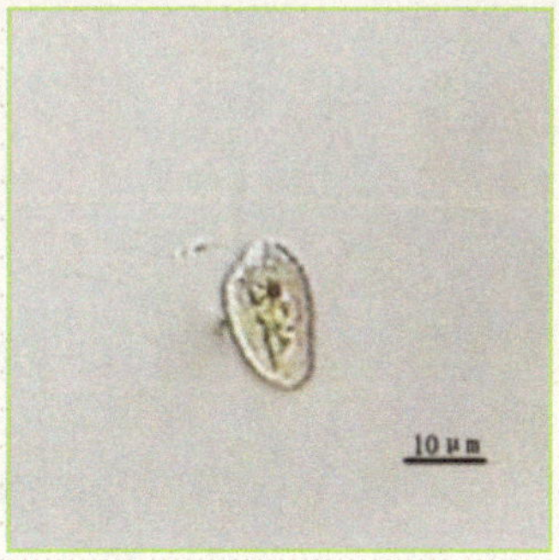

啮蚀隐藻

3.4 大伙房水库

- **断面属性：**浑河干流断面
- **断面地址：**抚顺市东洲区绥化路东段，大伙房水库管理局对面
- **设置目的：**反映大伙房水库末端水质状况
- **断面类型和采样条件：**采用管道采集库中水样，采样便利
- **周围环境描述和标志：**采样口在大伙房水库水质自动监测站房内
- **交通路线：**抚顺市环保局—天湖大桥—绥化路东段
- **水质状况：**1995—2018 年，大伙房水库水质优良，除 1999 年因石油类浓度略高，为Ⅳ类水质外，其余年份水质类别均为Ⅰ～Ⅱ类。

◆ 大伙房水库断面桩

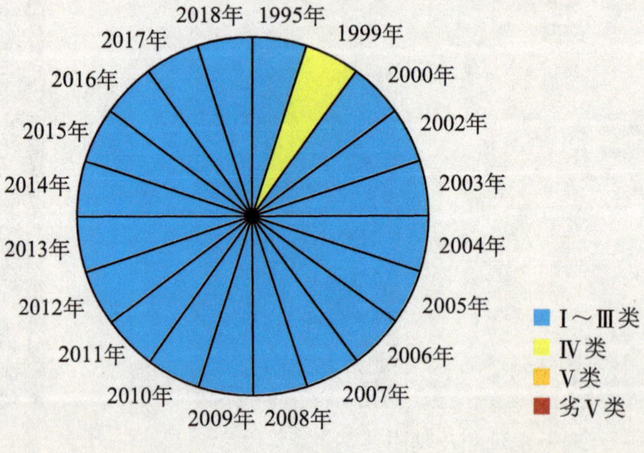

大伙房水库断面 1995—2018 年水质变化

◀ 大伙房水库断面上游

▼ 大伙房水库断面下游

3.5 章党河—阿及堡

- **断面属性**：浑河一级支流入河口断面
- **断面地址**：抚顺市东洲区哈达乡，河流入口位于浑河右岸
- **设置目的**：该断面是浑河的对照断面
- **断面类型和采样条件**：河流断面；水流较浅，河宽约20 m，岸边采样，采样便利
- **周围环境描述和标志**：河床适中，周围护岸植被主要为杂草和灌木
- **交通路线**：抚顺市环保局—章党—阿及
- **水质状况**：1995—2002年，阿及堡断面水质为轻度污染，八年间水质类别全部为Ⅳ类，主要污染指标为石油类。2003年开始，水质明显好转，由轻度污染改善至优良，水质类别以Ⅱ～Ⅲ类为主。
- **大型底栖动物种类**：水丝蚓、墨黑摇蚊、溪流摇蚊、绿倒毛摇蚊、斯蒂齿斑摇蚊、绿钩尾春蜓、湖球蚬、狭萝卜螺、梨形环棱螺。
- **着生藻类种类**：广缘小环藻、变异直链藻、新月桥弯藻、膨大桥弯藻、放射舟形藻、简单舟形藻、双头辐节藻、肘状针杆藻、尾丝藻、丰富栅藻、双对栅藻、镰形纤维藻、鞘丝藻。

◆ 阿及堡断面桩

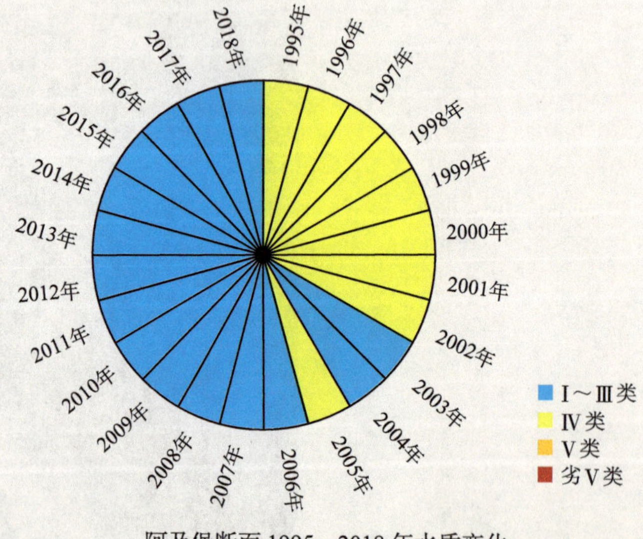

阿及堡断面1995—2018年水质变化

▲ 阿及堡断面上游

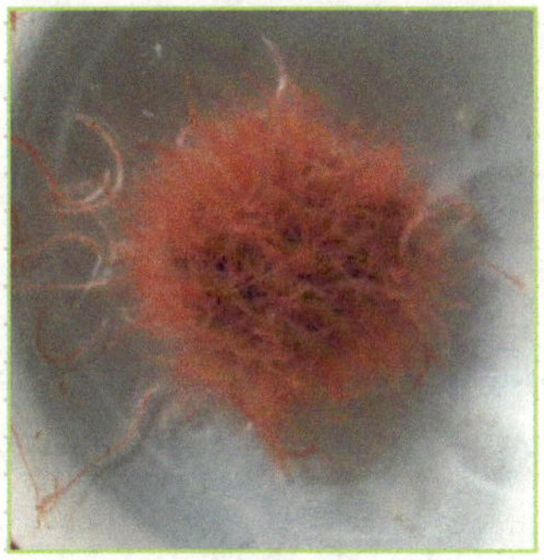

绿钩尾春蜓

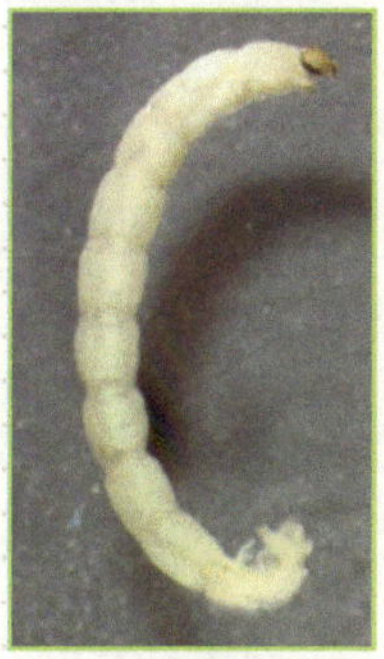

梨形环棱螺

水丝蚓

墨黑摇蚊

▲ 阿及堡断面下游

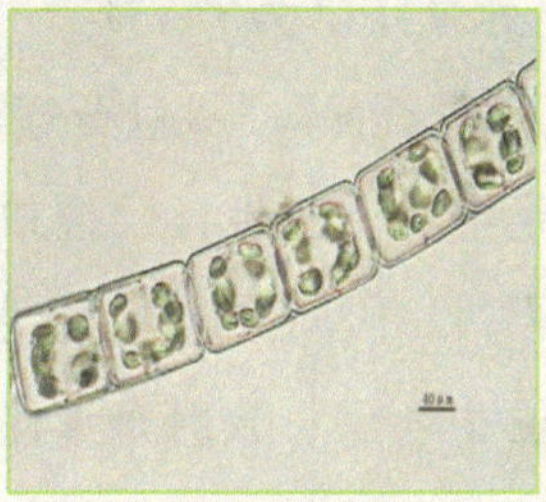

变异直链藻

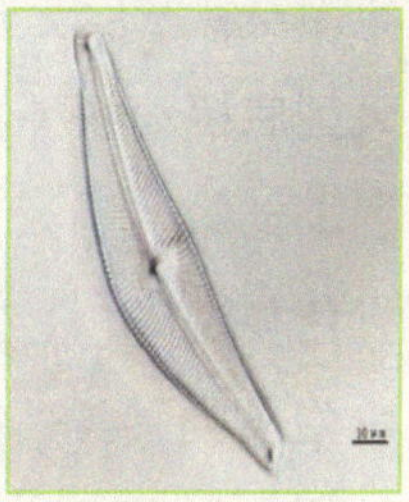

新月桥弯藻

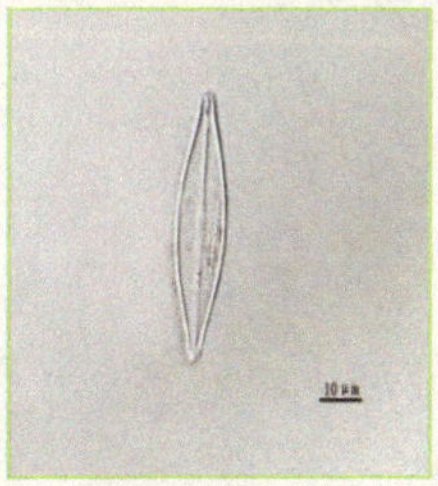

双头辐节藻

镰形纤维藻

3.6 戈布桥

- **断面属性：**浑河干流断面
- **断面地址：**抚顺市顺城区（河北岸）临江路戈布桥
- **设置目的：**该断面为浑河抚顺市区段控制断面
- **断面类型和采样条件：**河流断面；河面较宽，约为 300 m，水流较深，桥上采样，采样便利
- **周围环境描述和标志：**河床较宽，河岸堤坝有护坡，堤坝上有人工种植树木、花草
- **交通路线：**抚顺市环保局—新城路—临江路—雷锋体育场
- **水质状况：**1995—2006 年，戈布桥断面水质污染较重，十二年间总体为中度或重度污染水平，水质类别在Ⅳ～劣Ⅴ类，主要污染指标为氨氮、总磷和化学需氧量。2007 年开始，水质有所好转，多项指标浓度明显下降，由中度污染改善至轻度污染，并且连续十一年保持Ⅳ类水质。2018 年因氨氮浓度上升，水质下降为劣Ⅴ类。
- **大型底栖动物种类：**宽身舌蛭、八目石蛭、溪流摇蚊、黄色羽摇蚊、小云多足摇蚊、三带环足摇蚊、湖生短丝蜉、异色多纹蜻、七纹尾蟌、中华齿米虾、狭萝卜螺。
- **着生藻类种类：**梅尼小环藻、放射舟形藻、线形舟形藻、长圆舟形藻、双头辐节藻、肘状针杆藻、尾丝藻、衣藻、小席藻、绿色颤藻、绿色裸藻。

◆ 戈布桥断面桩

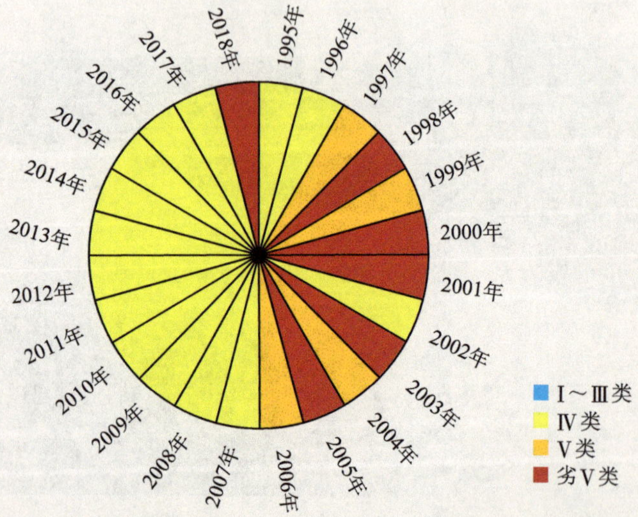

戈布桥断面 1995—2018 年水质变化

▲ 戈布桥断面上游

戈布桥断面下游 ▼

宽身舌蛭

八目石蛭

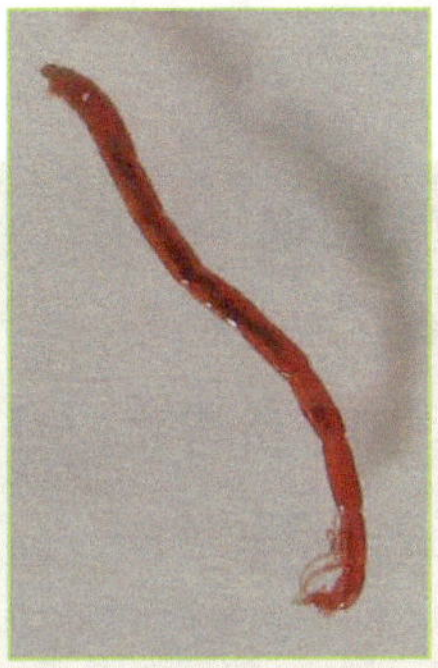

黄色羽摇蚊

湖生短丝蜉

中华齿米虾

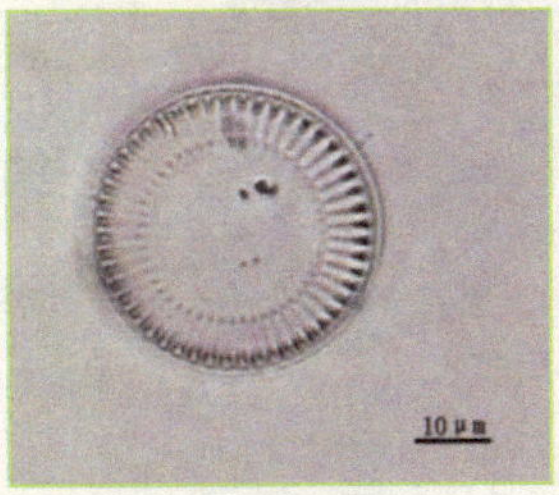

梅尼小环藻

线形舟形藻

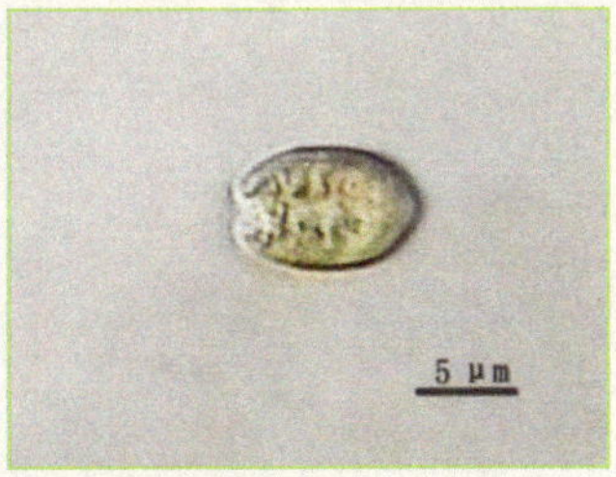

衣藻

绿色裸藻

3.7 北杂木

- **断面属性**：浑河一级支流入河口断面
- **断面地址**：抚顺市清原满族自治县红透山镇北杂木村
- **设置目的**：该断面反映浑河入大伙房水库前的水质状况
- **断面类型和采样条件**：河流断面；河面较宽，约为 70 m，水流适中，桥上采样，采样便利
- **周围环境描述和标志**：河床较宽，周围植被主要为杂草和灌木
- **交通路线**：抚顺市环保局—章党—营盘—二伙洛—北杂木
- **水质状况**：1999—2006 年，北杂木断面水质总体轻度污染，以Ⅳ类水质为主，主要污染指标为石油类或挥发酚；2007 年开始，水质明显好转，由轻度污染改善至良好水平，水质类别以Ⅱ类水质为主。
- **大型底栖动物种类**：水黾蝽、幽蚊、项圈无突摇蚊、小蜉、黄河花蜉、湖生短丝蜉、小黄赤蜻、亚洲瘦蟌、中华齿米虾、纹沼螺、狭萝卜螺。
- **着生藻类种类**：梅尼小环藻、变异直链藻、膨胀桥弯藻、近缘桥弯藻、小头舟形藻、双头辐节藻、钝脆杆藻、尖针杆藻、绿色颤藻、鞘丝藻、梭形裸藻。

◆ 北杂木断面桩

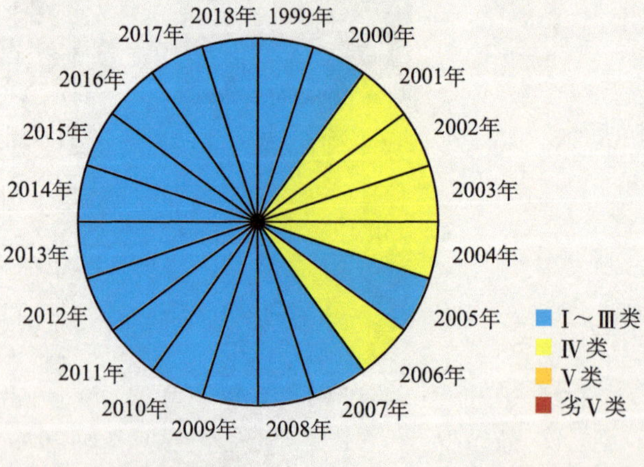

北杂木断面 1999—2018 年水质变化

▲ 北杂木断面上游

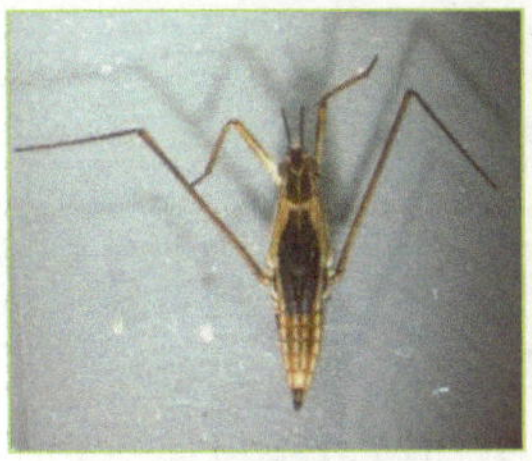

水黾蝽

幽蚊

小蜉

黄河花蜉

小黄赤蜻

亚洲瘦蟌

中华齿米虾

纹沼螺

▲ 北杂木断面下游

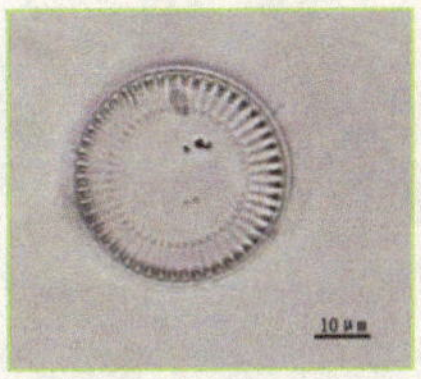

梅尼小环藻

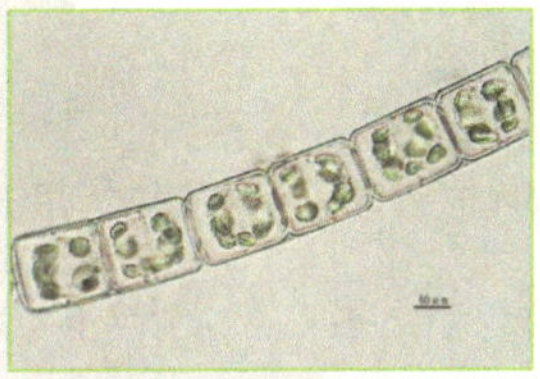

变异直链藻

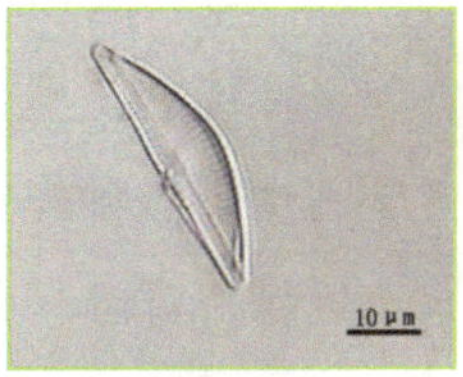

膨胀桥弯藻

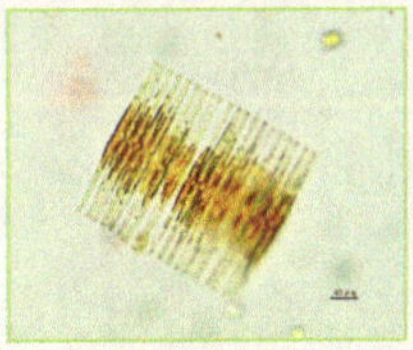

钝脆杆藻

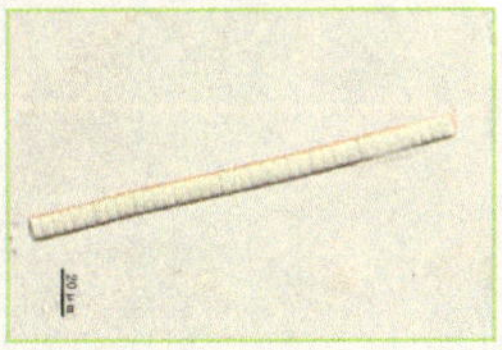

绿色颤藻

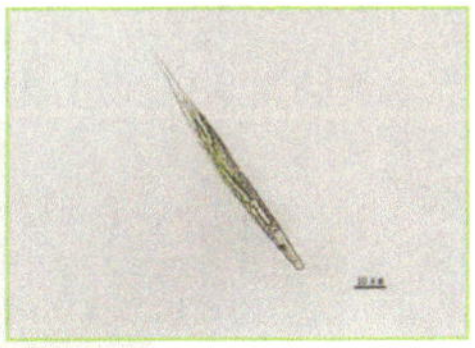

梭形裸藻

3.8 苏子河—古楼

- **断面属性**：浑河一级支流入河口断面
- **断面地址**：抚顺市新宾满族自治县上夹河镇古楼村
- **设置目的**：该断面反映苏子河入大伙房水库前水质状况
- **断面类型和采样条件**：河流断面；河面较宽，约为 120 m，水流适中，桥上采样，采样便利
- **周围环境描述和标志**：河床较宽，单面有护坡并有铁丝网围挡，周围护岸植被主要为杂草和灌木
- **交通路线**：抚顺市环保局—东洲—台沟—树碑—古楼
- **水质状况**：2000—2018 年，古楼断面水质总体良好，除 2001 年、2005 年和 2010 年以外，其余年份水质类别均在Ⅰ～Ⅲ类。
- **大型底栖动物种类**：日本长蝎蝽、小黾蝽、斯蒂齿斑摇蚊、雅丝扁蚴蜉、小黄赤蜻、中华齿米虾、狭萝卜螺、梨形环棱螺。
- **着生藻类种类**：梅尼小环藻、变异直链藻、膨胀桥弯藻、近缘桥弯藻、小头舟形藻、双头辐节藻、钝脆杆藻、尖针杆藻、绿色颤藻、鞘丝藻、梭形裸藻。

◆ 古楼断面桩

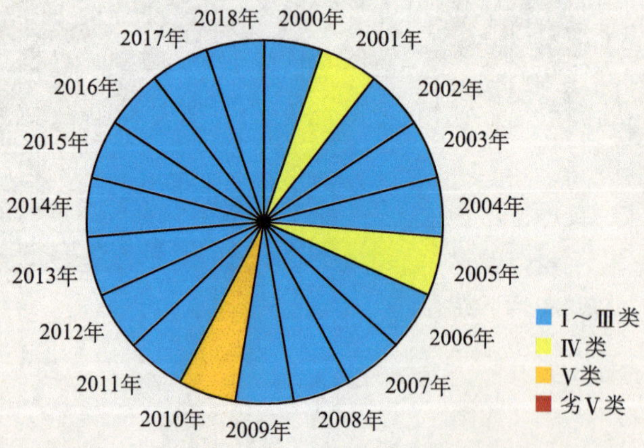

古楼断面 2000—2018 年水质变化

▲ 古楼断面上游

▲ 古楼断面下游

日本长蝎蝽

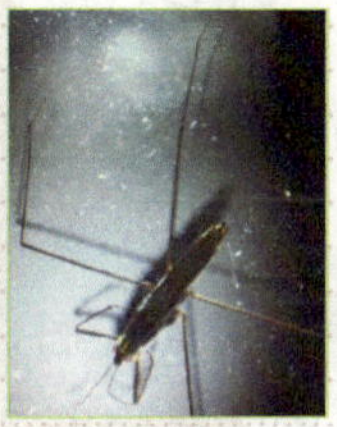

小黾蝽

雅丝扁蚴蜉

中华齿米虾

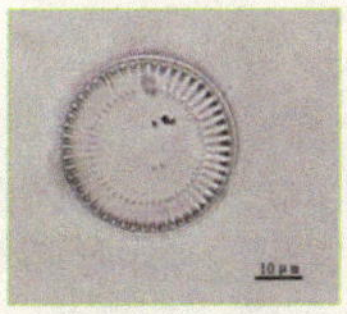

梅尼小环藻

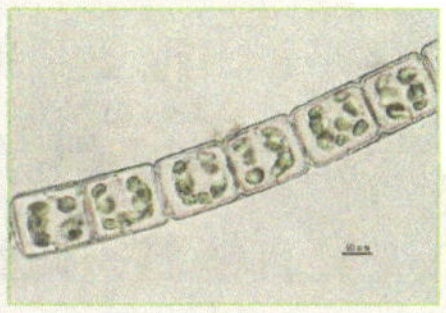

变异直链藻

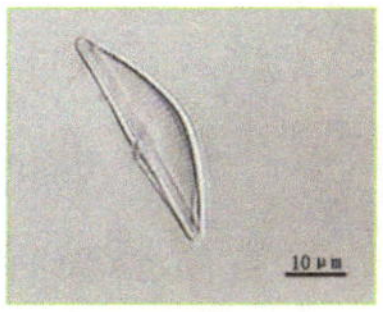

膨胀桥弯藻

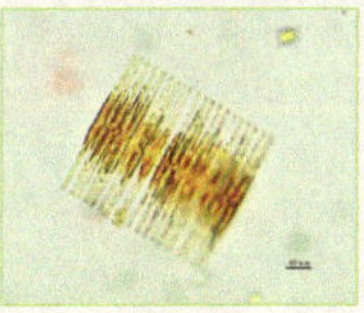

钝脆杆藻

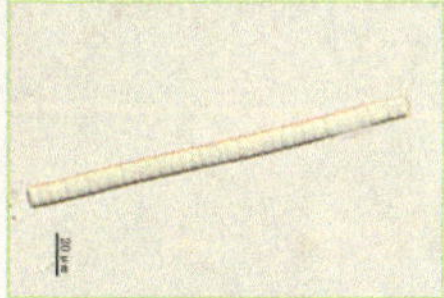

绿色颤藻

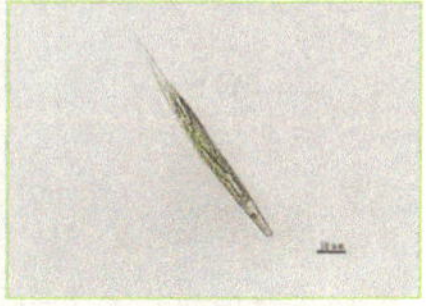

梭形裸藻

3.9 社河—台沟

- **断面属性：**浑河一级支流入河口断面
- **断面地址：**抚顺市抚顺县上马乡台沟村
- **设置目的：**该断面反映社河汇入大伙房水库前水质状况
- **断面类型和采样条件：**河流断面；河面较宽，河宽 30 m，水流较浅，桥上采样，采样便利
- **周围环境描述和标志：**河床较宽，单面有护坡，周围植被主要为杂草和灌木
- **交通路线：**抚顺市环保局—东洲—台沟
- **水质状况：**2004—2018 年，台沟断面水质总体良好，除 2006 年和 2007 年因石油类浓度略高，水质为Ⅳ类外，其余年份水质类别均在Ⅰ～Ⅲ类。
- **大型底栖动物种类：**斑点小划蝽、蒂齿斑摇蚊、小蜉、雅丝扁蚴蜉、黄河花蜉、山地亚美蜉、小黄赤蜻、黑色蟌、中华齿米虾、白旋螺、狭萝卜螺。
- **着生藻类种类：**变异直链藻、偏肿桥弯藻、箱形桥弯藻、膨胀桥弯藻、细布纹藻、放射舟形藻、简单舟形藻、双头辐节藻、普通等片藻、钝脆杆藻、肘状针杆藻、双头菱形藻、二形栅藻、巴西栅藻、小刚毛藻、椭圆卵囊藻、镰形纤维藻、毛枝藻、鞘丝藻、伪鱼腥藻、椭圆隐藻、小黄丝藻。

◆ 台沟断面桩

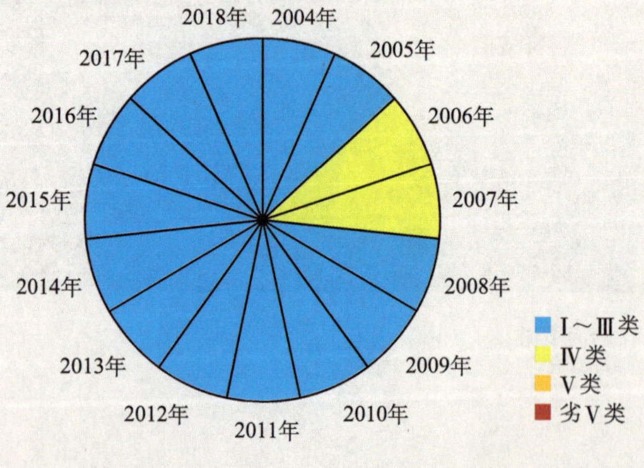

台沟断面 2004—2018 年水质变化

▲ 台沟断面上游

▲ 台沟断面下游

斑点小划蝽

小蜉

黄河花蜉

小黄赤蜻

黑色蟌

中华齿米虾

白旋螺

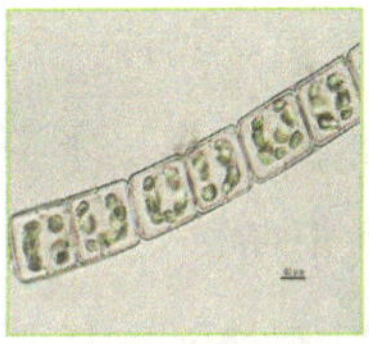

变异直链藻

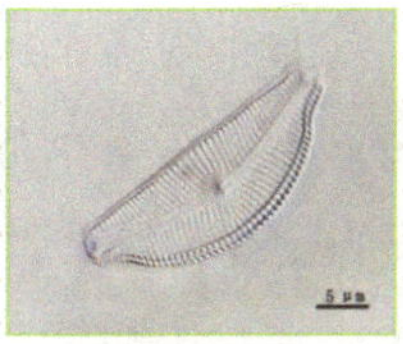

箱形桥弯藻

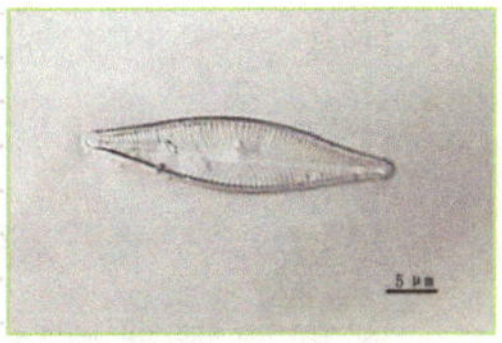

放射舟形藻

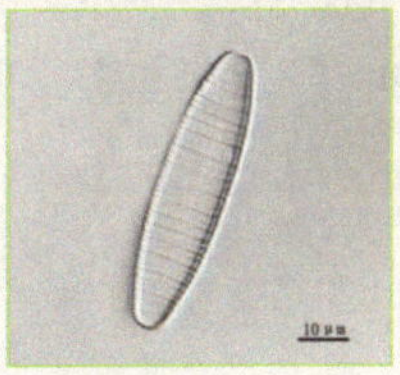

普通等片藻

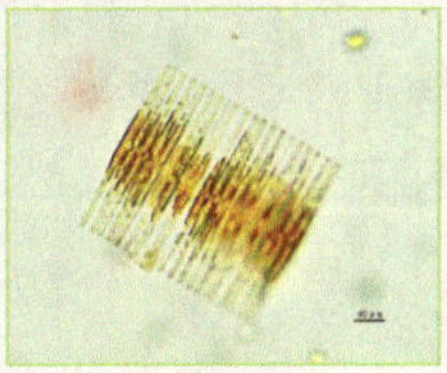

钝脆杆藻

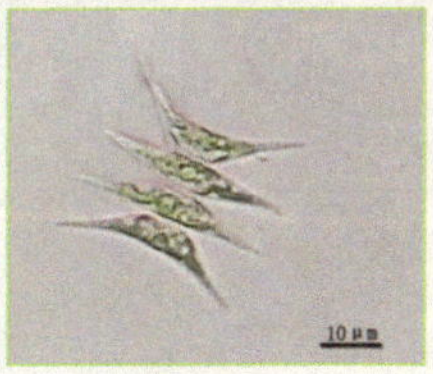

二形栅藻

3.10 东陵大桥

- **断面属性：**浑河干流断面
- **断面地址：**沈阳市东陵区东李线东陵大桥
- **设置目的：**反映浑河入境沈阳水质情况
- **断面类型和采样条件：**河流断面；桥上采样，采样便利
- **周围环境描述和标志：**河面宽度约 50 m，河岸两侧皆为城市住宅和市政设施
- **交通路线：**沈阳—东陵路—东李线—东陵大桥
- **水质状况：**1994—1999 年，东陵大桥断面水质污染严重，水质以劣Ⅴ类为主，主要污染指标为氨氮和生化需氧量。2000 年开始，水质明显好转，由重度污染改善至轻度污染水平。2000—2004 年，水质类别在Ⅳ～劣Ⅴ类。2005—2011 年，因氨氮浓度升高，水质由中度污染下降为重度污染，水质类别连续七年为劣Ⅴ类水质。2012—2018 年，水质状况明显好转，各项污染指标浓度总体呈下降趋势。2017 年，水质状况为良好，符合Ⅲ类水质。
- **大型底栖动物种类：**宽身舌蛭、八目石蛭、苏氏尾鳃蚓、圆顶珠蚌、纹沼螺、椭圆萝卜螺、梨形环棱螺。
- **着生藻类种类：**梅尼小环藻、异极藻、桥弯藻、布纹藻、简单舟形藻、辐节藻、平板藻、针杆藻、丝藻、四尾栅藻、毛枝藻、美丽鼓藻、颤藻。

◆ 东陵大桥断面桩

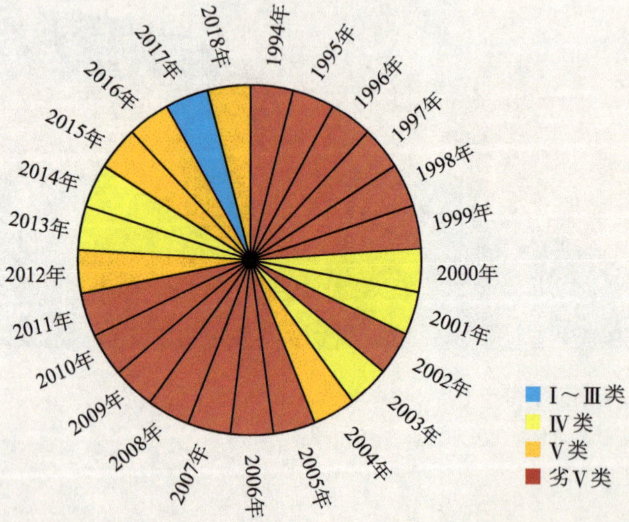

东陵大桥断面 1994—2018 年水质变化

◀ 东陵大桥断面上游

▼ 东陵大桥断面下游

宽身舌蛭

八目石蛭

苏氏尾鳃蚓

梨形环棱螺

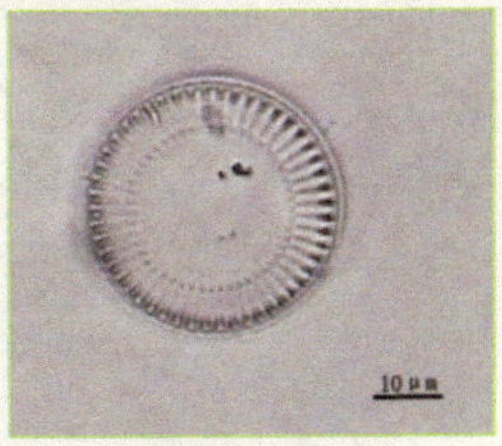

梅尼小环藻

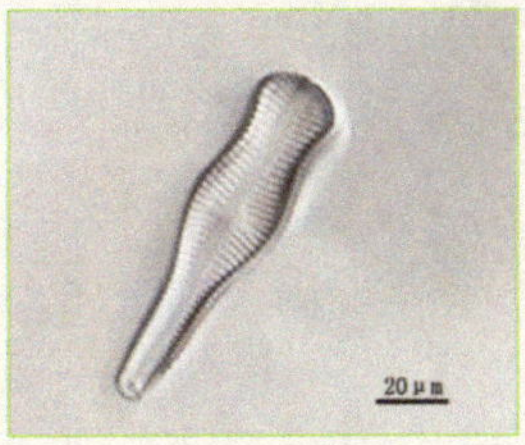

异极藻

四尾栅藻

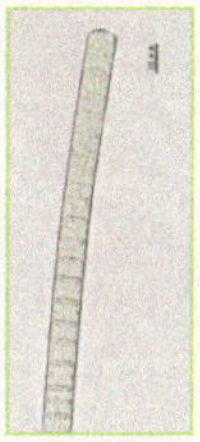

颤藻

3.11 砂山

- **断面属性**：浑河干流断面
- **断面地址**：沈阳市和平区砂山
- **设置目的**：反映浑河沈阳段上游水质情况
- **断面类型和采样条件**：河流断面；桥上采样，采样便利
- **周围环境描述和标志**：河面宽度约 60 m，河岸两侧皆为城市住宅和市政设施
- **交通路线**：沈阳—南京南街—南京南街桥
- **水质状况**：1994—2005 年，砂山断面水质污染严重，十二年间水质类别全部为劣Ⅴ类，主要污染指标为氨氮、生化需氧量和总磷。2006 年开始，水质明显好转，各项污染物指标浓度逐年下降，水质状况由重度污染改善至轻度污染水平，水质类别连续十一年保持Ⅳ类。2017—2018 年，水质状况由轻度污染转为良好，符合Ⅲ类标准。

◆ 砂山断面桩

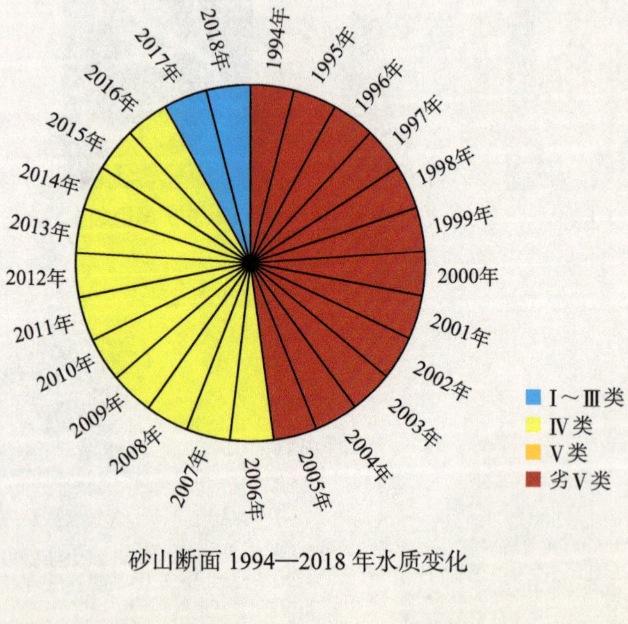

砂山断面 1994—2018 年水质变化

砂山断面上游

砂山断面下游

3.12 于家房

- **断面属性：** 浑河干流断面
- **断面地址：** 沈阳市辽中县于家房镇
- **设置目的：** 反映浑河出境沈阳段水质情况
- **断面类型和采样条件：** 河流断面；桥上采样，采样便利
- **周围环境描述和标志：** 河面宽度约 80 m，河岸两侧皆为农田
- **交通路线：** 沈阳—沈辽路—沈西大道—浑河桥
- **水质状况：** 1994—2018 年，于家房断面水质污染严重，除了 2012 年和 2013 年为Ⅳ～Ⅴ类水质外，其余年份水质类别全部为劣Ⅴ类水质。1994—2000 年，主要污染指标为氨氮、生化需氧量和化学需氧量。“十五”期间，主要污染指标为总磷，2001—2003 年污染最重，6 项指标浓度超Ⅴ类水质标准。自“十一五”以来，生化需氧量和化学需氧量浓度明显下降，氨氮和总磷成为主要污染物。
- **大型底栖动物种类：** 霍甫水丝蚓、斑点小划蝽、墨黑摇蚊、喙隐摇蚊、德永雕翅摇蚊、浅白雕翅摇蚊、三带环足摇蚊、短线短脉纹石蚕。
- **着生藻类种类：** 梅尼小环藻、异极藻、简单舟形藻、针杆藻、双对栅藻、四尾栅藻、尖细栅藻、爪哇栅藻、小空星藻、四角盘星藻、多芒藻、鼓藻。

◆ 于家房断面桩

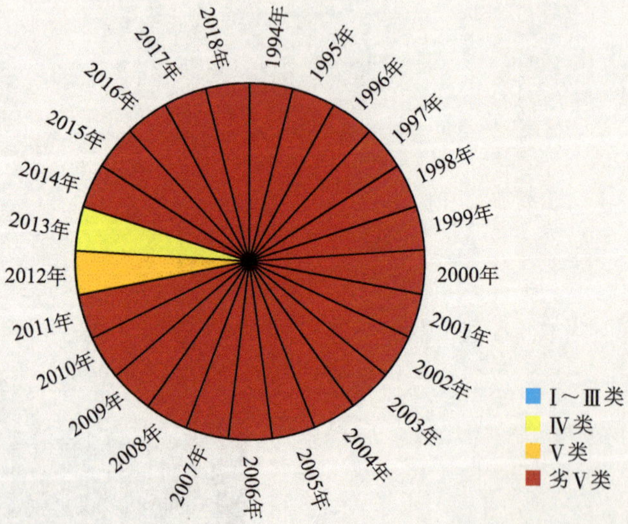

于家房断面 1994—2018 年水质变化

▲ 于家房断面上游

霍甫水丝蚓

斑点小划蝽

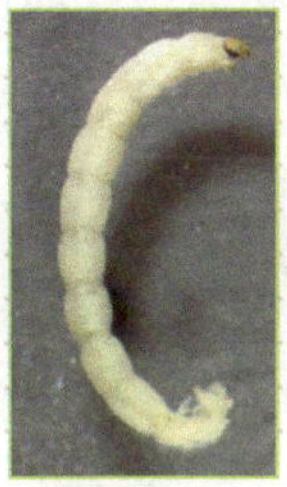

墨黑摇蚊

短线短脉纹石蚕

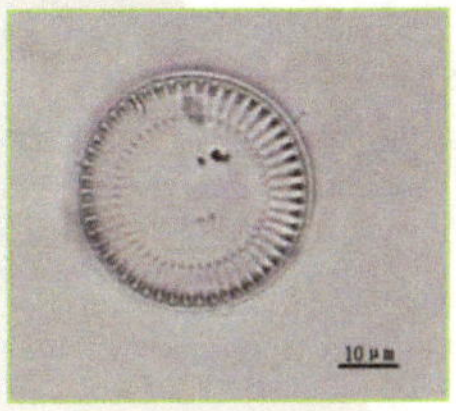

梅尼小环藻

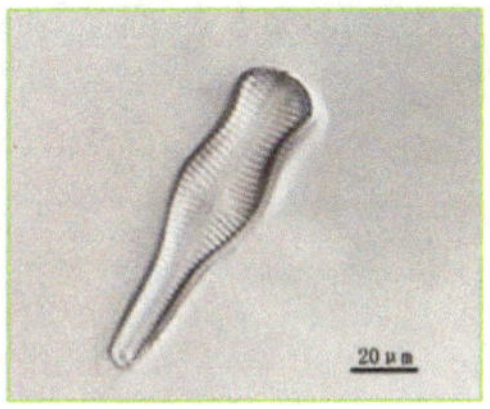

异极藻

四尾栅藻

▲ 于家房断面下游

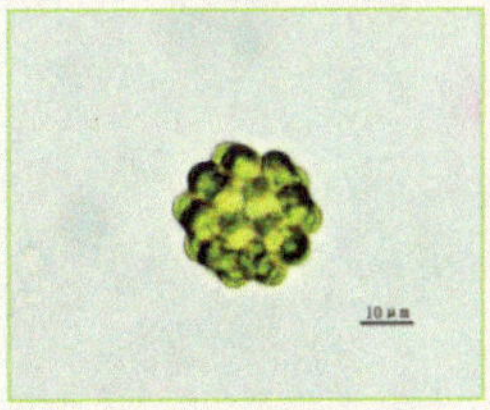

小空星藻

四角盘星藻

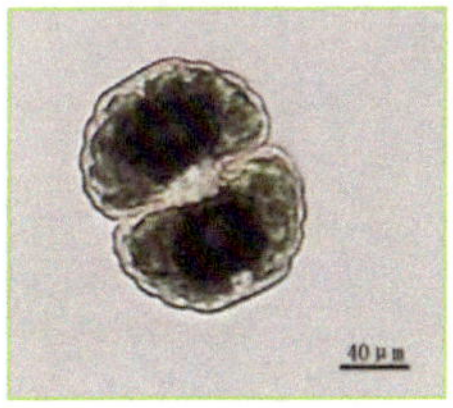

鼓藻

3.13 细河—于台

- **断面属性**：浑河一级支流入河口断面
- **断面地址**：沈阳市沈辽路南阳湖街
- **设置目的**：反映浑河支流细河入浑河前的水质情况
- **断面类型和采样条件**：河流断面；桥上采样，采样便利
- **周围环境描述和标志**：河面宽度约 15 m，河岸两侧为工厂和居民区
- **交通路线**：沈阳—沈辽路—南阳湖街—于台桥
- **水质状况**：2004—2018 年，于台断面水质总体污染较重，十五年间除 2013 年为Ⅴ类水质外，其他年份均为劣Ⅴ类水质。2006—2008 年污染最重，共有 6 项指标超Ⅴ类水质标准，分别为氨氮、化学需氧量、生化需氧量、高锰酸盐指数、总磷和溶解氧。“十二五”以来，虽然水质类别仍以劣Ⅴ类为主，但多项污染物指标浓度显著下降，主要污染物为氨氮和总磷。

◆ 于台断面桩

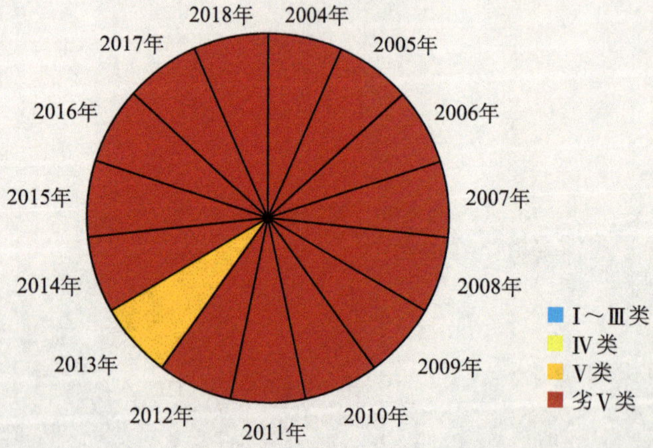

于台断面 2004—2018 年水质变化

◀ 于台上游

▼ 于台下游

3.14 蒲河—兴国桥

- **断面属性：** 浑河一级支流控制断面
- **断面地址：** 辽宁省沈阳市沈北新区蒲河新城兴国
- **设置目的：** 反映蒲河沈阳段上游水质状况
- **断面类型和采样条件：** 河岸断面；桥上采样，水流较浅，采样便利
- **周围环境描述和标志：** 位于蒲河上游兴国桥上，桥上车辆较少，河面不宽，河岸南北侧均为楼盘，堤岸护坡较为齐整，有植被覆盖
- **交通路线：** 沈阳—G102 国道（北行）—沈北路（东拐）—天时街（北行）—兴国桥
- **水质状况：** 兴国桥断面于 2016 年开始监测。2016 年因生化需氧量和化学需氧量浓度略高，为Ⅳ类水质。2017 年好转为Ⅲ类水质，由轻度污染改善至良好水平。2018 年为Ⅱ类水质。

◆ 兴国桥断面桩

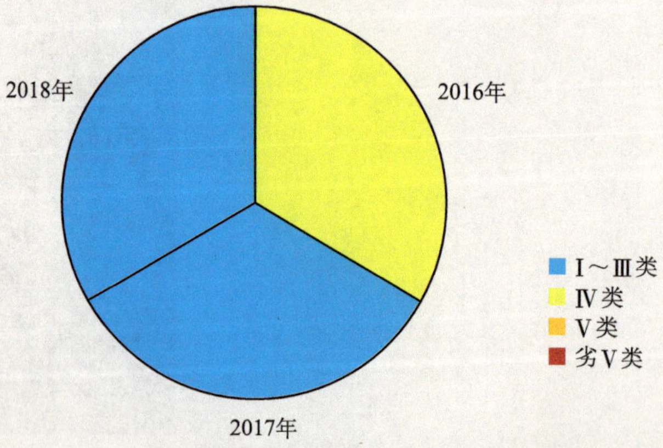

兴国桥断面 2016—2018 年水质变化

兴国桥断面上游

兴国桥断面下游

3.15 蒲河—蒲河沿

- **断面属性：** 浑河一级支流入河口断面
- **断面地址：** 沈阳市茨长线蒲河沿
- **设置目的：** 反映浑河支流蒲河入浑河前水质情况
- **断面类型和采样条件：** 河流断面，桥上采样，采样便利
- **周围环境描述和标志：** 河面宽度约 15 m，河岸两侧皆为农田
- **交通路线：** 沈阳—沈辽路—沈西大道—茨长线—蒲河沿
- **水质状况：** 2004—2018 年，蒲河沿断面水质总体污染较重，十五年间水质类别以Ⅴ～劣Ⅴ类水质为主。2004—2010 年，主要污染指标为氨氮、生化需氧量和化学需氧量，“十一五”后期总磷为主要污染物。2011—2014 年，水质有所好转，多项污染指标浓度显著下降，2015 年和 2016 年因氨氮浓度升高，水质为劣Ⅴ类，2017 年好转为Ⅴ类，2018 年因化学需氧量浓度上升，水质下降为劣Ⅴ类。
- **大型底栖动物种类：** 八目石蛭、斑点小划蝽、毛头瘤虻、溪流摇蚊、浅白雕翅摇蚊、青步甲、纹沼螺、椭圆萝卜螺。
- **着生藻类种类：** 梅尼小环藻、舟形藻、针杆藻、游丝藻、球囊藻、四尾栅藻、斜生栅藻、纤细月牙藻、狭形纤维藻、镰形纤维藻、盘星藻、巨颤藻、断裂颤藻、爬行颤藻、平裂藻、绿色裸藻。

◆ 蒲河沿断面桩

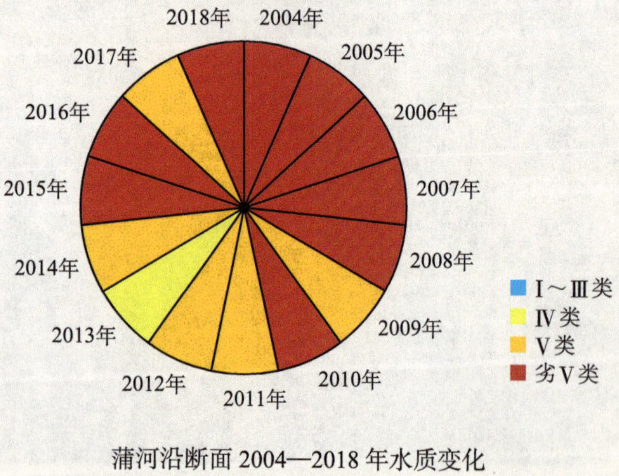

蒲河沿断面 2004—2018 年水质变化

▲ 蒲河沿上游

八目石蛭

斑点小划蝽

毛头瘤虻

纹沼螺

▲ 蒲河沿下游

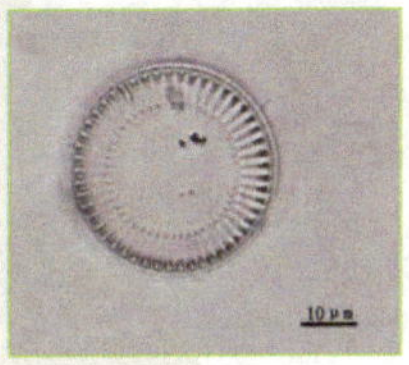

梅尼小环藻

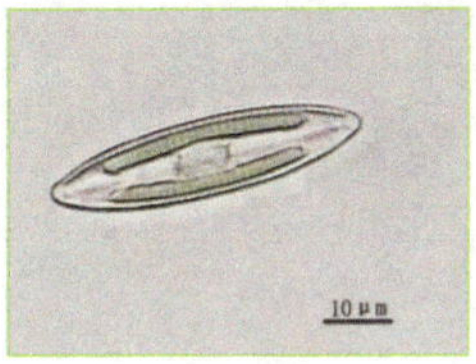

舟形藻

四尾栅藻

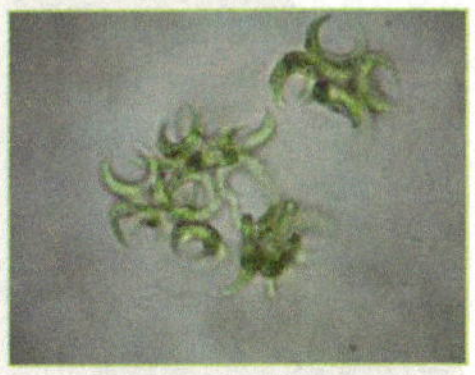

纤细月牙藻

盘星藻

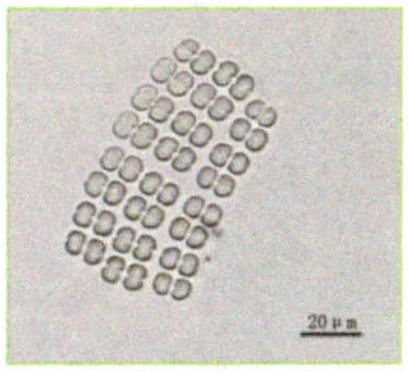

平裂藻

第4章

太子河

4.1 南太子河—南太子河入库口

- **断面属性**：观音阁水库上游支流入库口断面
- **断面地址**：位于本溪县碱厂镇碱厂村
- **设置目的**：反映太子河支流南太子河入观音阁水库前水质状况
- **断面类型和采样条件**：河流断面；桥上采样，采样便利
- **周围环境描述和标志**：河面较宽阔，丰水期约有 50 m，两岸为山体和村庄
- **交通路线**：本溪市站—本溪县—碱厂镇—碱厂镇大桥
- **水质状况**：2004—2018 年，南太子河入库口断面水质优良，连续十五年保持为Ⅱ类水质。

◆ 南太子河入库口断面桩

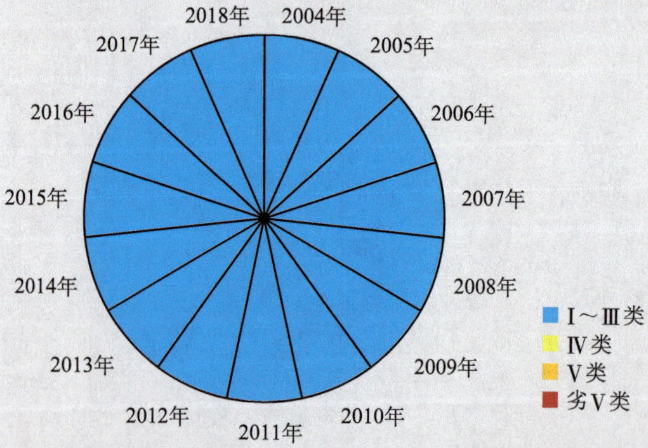

南太子河入库口断面 2004—2018 年水质变化

◀ 南太子河入库口断面上游

▼ 南太子河入库口断面下游

4.2 北太子河—北太子河入观音阁水库口

- **断面属性：**观音阁水库上游支流入库口断面
- **断面地址：**位于抚顺市下夹河乡的公路大桥
- **设置目的：**反映太子河支流北太子河入观音阁水库前水质状况
- **断面类型和采样条件：**河流断面；桥上采样，采样便利
- **周围环境描述和标志：**河面宽阔，丰水期约有 100 m，两岸为山体和农田
- **交通路线：**本溪市监测站—本溪县—抚顺市—下夹河乡—下夹河大桥
- **水质状况：**2004—2018 年，北太子河入观音阁水库口断面水质总体优良，除 2010 年因总磷超标为劣Ⅴ类水质外，其余年份全部为Ⅱ类水质。

◆ 北太子河入观音阁水库口断面桩

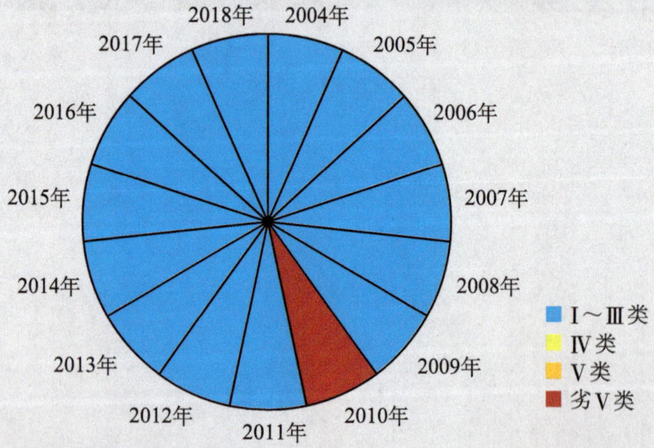

北太子河入观音阁水库口断面 2004—2018 年水质变化

北太子河入观音阁水库口断面上游

北太子河入观音阁水库口断面下游

4.3 老官砬子

- **断面属性**：太子河干流断面
- **断面地址**：位于本溪市明山区与本溪县交界的牛心台三家子大桥
- **设置目的**：反映太子河进入本溪市区之前的水质状况
- **断面类型和采样条件**：河流断面；桥上采样，采样便利
- **周围环境描述和标志**：河面宽阔，丰水期约有 100 m，两岸为山体，植被茂密
- **交通路线**：本溪市监测站—转山路—环山路—峪龙路—程家路—水洞路—卧三线—501 县道—三家子大桥
- **水质状况**：1995—2018 年，老官砬子断面水质优良，二十四年间水质类别全部在Ⅰ～Ⅲ类。
- **大型底栖动物种类**：水丝蚓、小蜉、黄河花蜉、耳萝卜螺。
- **着生藻类种类**：短小舟形藻、颤藻、尖尾蓝隐藻。

◆ 老官砬子断面桩

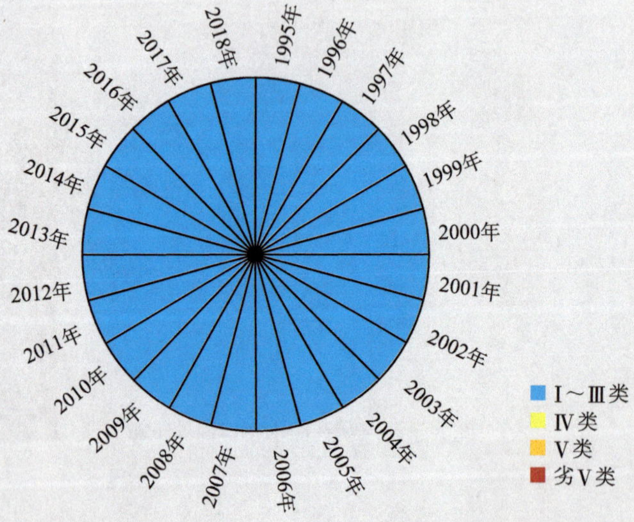

老官砬子断面 1994—2018 年水质变化

▲ 老官砬子断面上游

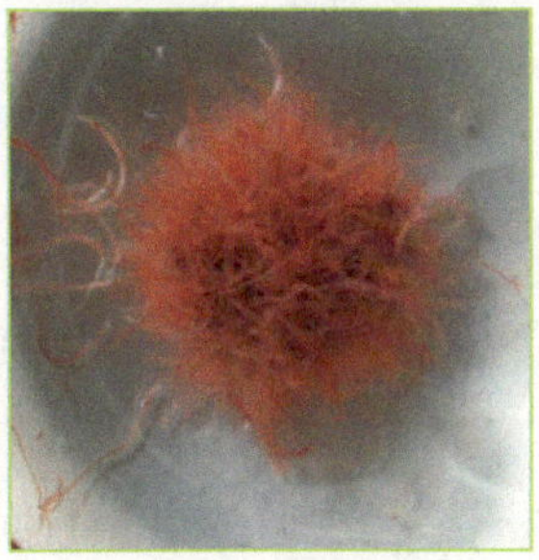

水丝蚓

小蜉

黄河花蜉

耳萝卜螺

▲ 老官砬子断面下游

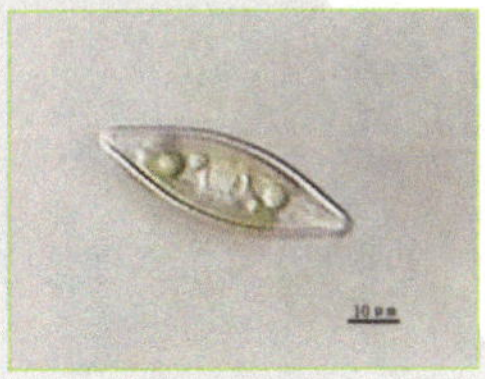

短小舟形藻

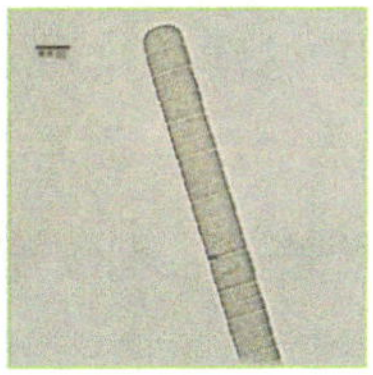

颤藻

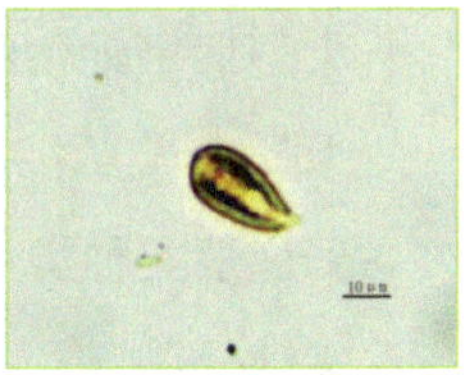

尖尾蓝隐藻

4.4 本溪兴安

- **断面属性**：太子河干流断面
- **断面地址**：位于本溪市平山区林家崴子，本溪市污水处理厂内
- **设置目的**：太子河流经本溪市区之后的市界断面，反映出市断面水质状况
- **断面类型和采样条件**：河流断面；岸边采样
- **周围环境描述和标志**：河面较宽阔，丰水期约有 50 m，两岸为山体，山上植被茂密
- **交通路线**：本溪市站—永丰转盘—彩屯大桥—左转—本溪市污水处理厂
- **水质状况**：1995—2009 年，兴安断面水质污染严重，十六年间以劣Ⅴ类水质为主。1995—2000 年，主要污染指标为氨氮和化学需氧量；2001—2009 年，主要污染指标为氨氮和挥发酚，除了 2001 年和 2008 年为Ⅴ类水质外，其他年份均为劣Ⅴ类水质；“十二五”以来，水质有所好转，多项指标浓度明明显下降，八年间由重度污染改善至轻度污染乃至良好水平，2013 年首次达到Ⅳ类标准，并连续四年保持Ⅳ类水质。2017 年水质类别首次符合Ⅲ类标准。2018 年下降为Ⅳ类水质。
- **大型底栖动物种类**：日本长蝎蝽、水黾蝽、黑色蟌、中华齿米虾、耳萝卜螺。
- **着生藻类种类**：桥弯藻、羽纹藻、短小舟形藻、连结脆杆藻、尖针杆藻。

◆ 本溪兴安断面桩

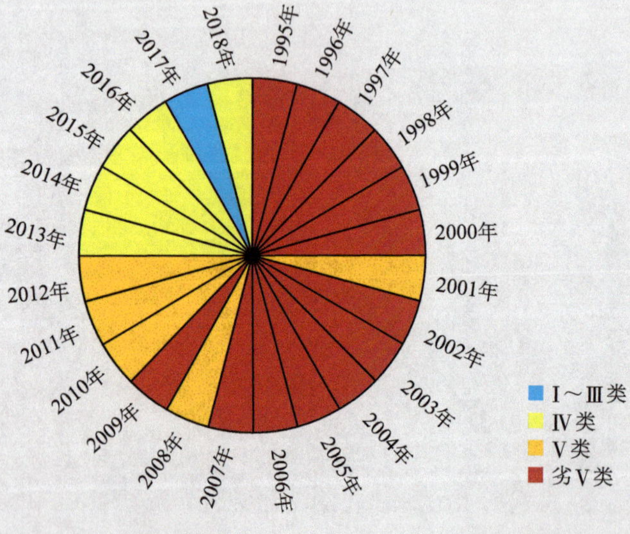

本溪兴安断面 1995—2018 年水质变化

▲ 本溪兴安断面上游

▲ 本溪兴安断面下游

日本长蝎蝽

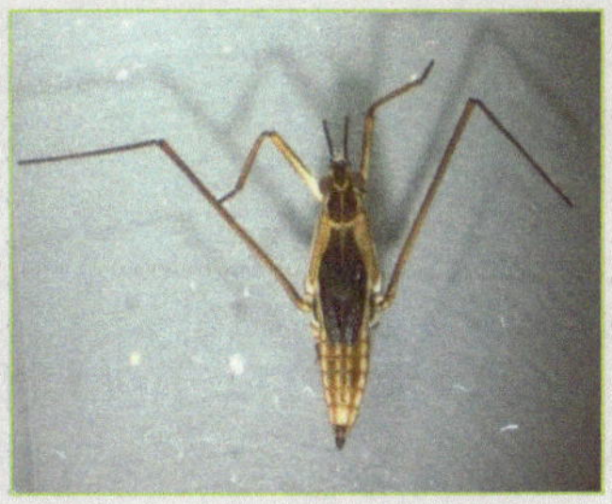

水黾蝽

黑色蟌

中华齿米虾

耳萝卜螺

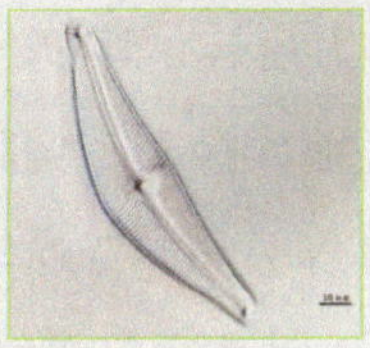

桥弯藻

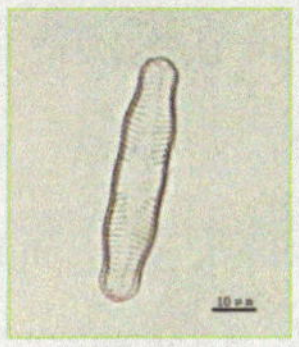

羽纹藻

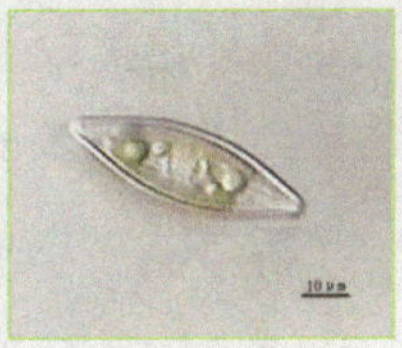

短小舟形藻

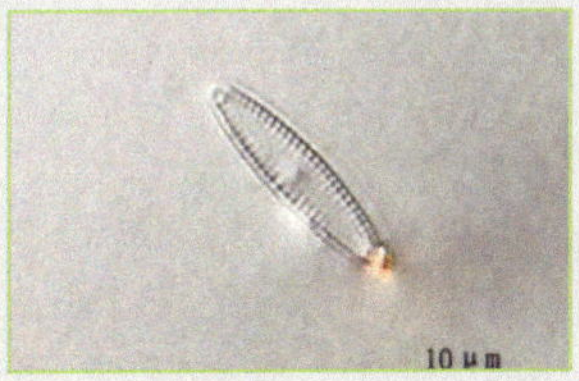

连结脆杆藻

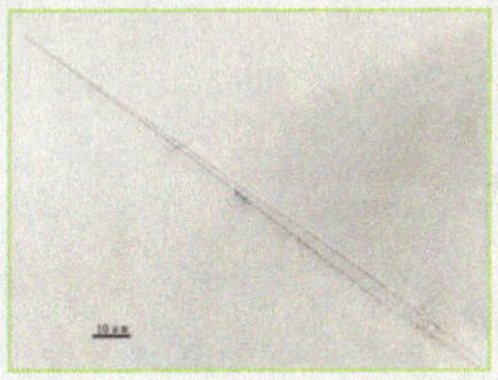

尖针杆藻

4.5 葠窝坝下

- **断面属性**：太子河干流断面
- **断面地址**：辽宁省辽阳市弓长岭区安平乡
- **设置目的**：反映葠窝水库出库水质状况
- **断面类型和采样条件**：河流断面；河内采样，河面较宽，河深较浅，采样方便
- **周围环境描述和标志**：河面宽度约 200 m，上游为葠窝水库，两侧以山体为主，植被茂密
- **交通路线**：辽阳—沈环线—小屯—弓长岭区—汤河桥—姑小线—葠窝水库
- **水质状况**：1994—2018 年，葠窝坝下断面水质总体为轻度污染，二十五年间以Ⅳ类水质为主，主要污染指标为石油类和氨氮。2017 年开始，水质明显好转，由轻度污染改善至良好。
- **大型底栖动物种类**：八目石蛭、辽宁原蚋、巨吻沼蚊、委瑞环足摇蚊、四节蜉、背角无齿蚌、耳萝卜螺。
- **着生藻类种类**：曲壳藻、缢缩异极藻、偏肿桥弯藻、埃伦桥弯藻、小形舟形藻、简单舟形藻、普通等片藻、钝脆杆藻、尖针杆藻、短小针杆藻、池生毛枝藻。

◆ 葠窝坝下断面桩

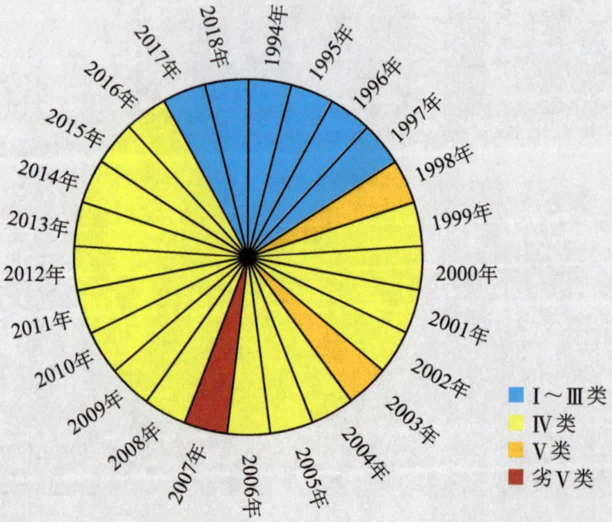

葠窝坝下断面 1994—2018 年水质变化

▲ 葠窝坝下断面上游

八目石蛭

辽宁原蚋

巨吻沼蚊

四节蜉

背角无齿蚌

▲ 葠窝坝下断面下游

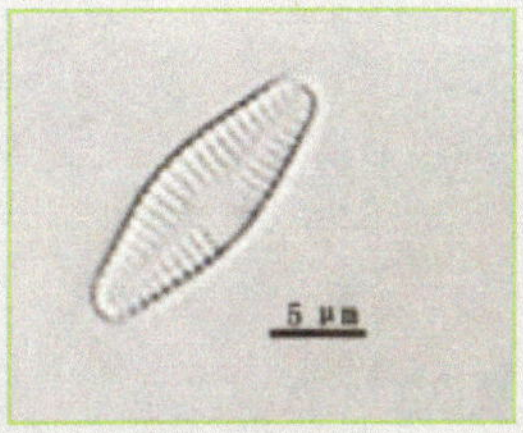

曲壳藻

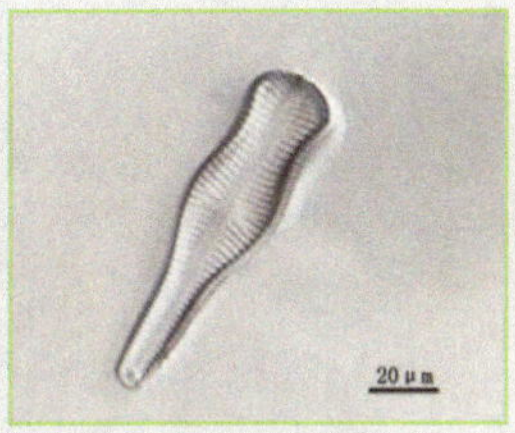

缢缩异极藻

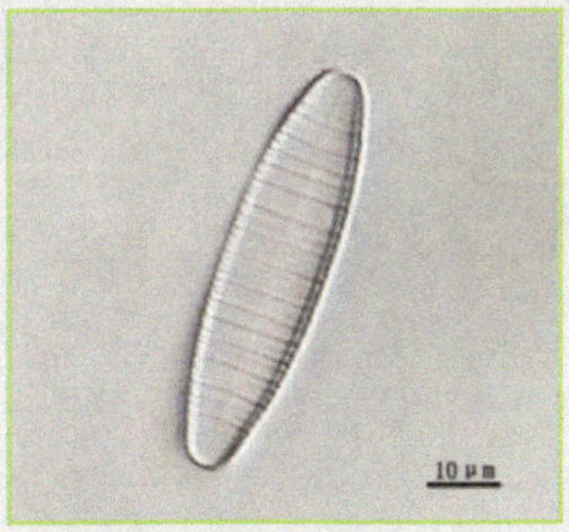

普通等片藻

池生毛枝藻

4.6 二道河—二道河水库口

- **断面属性**：汤河水库上游支流入库口断面
- **断面地址**：辽宁省辽阳市辽阳县河栏镇二道河村
- **设置目的**：反映二道河入汤河水库水质状况
- **断面类型和采样条件**：河流断面；桥上采样，河面较宽，河深较浅，采样方便
- **周围环境描述和标志**：河面宽度约 30 m，周边为山地
- **交通路线**：辽阳—新华路—下达河—河栏—二道河汤
- **水质状况**：2004—2018 年，二道河水库口断面水质优良，除 2015 年因挥发酚浓度略高为Ⅲ类水质之外，其余年份水质类别保持在Ⅰ～Ⅱ类。

◆ 二道河水库口断面桩

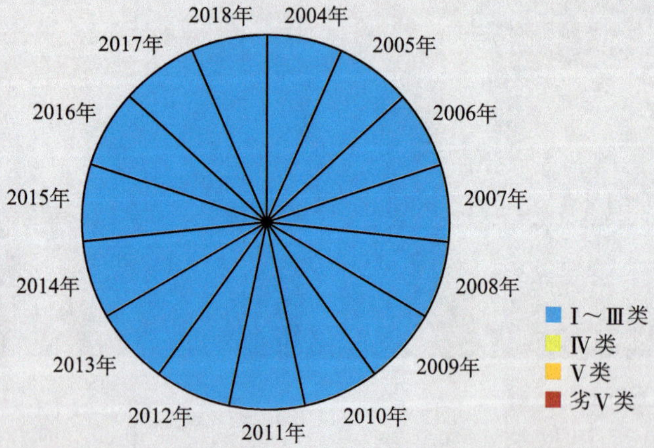

二道河水库口断面 2004—2018 年水质变化

◀ 二道河水库口断面上游

▼ 二道河水库口断面下游

4.7 下达河—下达河入汤河水库口

- **断面属性：**汤河水库上游支流（下达河）入库口断面
- **断面地址：**辽宁省辽阳市辽阳县下达河乡下达河村
- **设置目的：**反映下达河入汤河水库前水质状况
- **断面类型和采样条件：**河流断面，桥上采样，河面较宽，河深较浅，采样方便
- **周围环境描述和标志：**河面宽度约 40 m，周边为山地
- **交通路线：**辽阳—新华路—下达河
- **水质状况：**2004—2018 年，下达河水入汤河水库口断面各年度水质良好，始终保持Ⅰ～Ⅲ类。2004 年下达河入汤河水库口断面仅监测了 pH、氨氮、总磷和化学需氧量项指标，水质优良。2005 年仅监测了氨氮、总磷、化学需氧量 3 项指标，水质优良。2006—2009 年，仅监测了总磷、化学需氧量两项指标，各年度水质类别均为Ⅱ类。2010—2018 年，监测了 21 项指标，各年度水质良好，始终保持Ⅰ～Ⅲ类。

◆ 下达河入汤河水库口断面桩

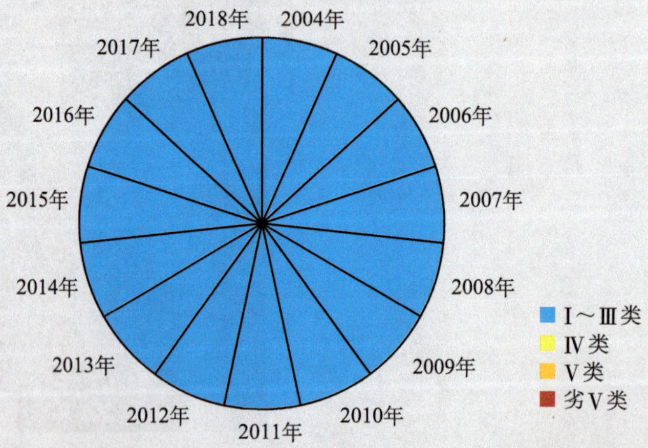

下达河入汤河水库口断面 2004—2018 年水质变化

下达河入汤河水库口断面上游

下达河入汤河水库口断面下游

4.8 汤河—汤河桥

- **断面属性**：太子河一级支流入河口断面
- **断面地址**：辽宁省辽阳市弓长岭区
- **设置目的**：反映汤河入太子河前水质状况
- **断面类型和采样条件**：河流断面；桥上采样，采样方便
- **周围环境描述和标志**：河面宽度约 160 m，断面周围植被多为灌木和草地，断面上游一侧有工矿企业，另一侧为山地，下游两侧为农田
- **交通路线**：辽阳—沈环线—小屯—弓长岭区—汤河桥
- **水质状况**：1994—1996 年，汤河桥断面水质良好，连续三年为Ⅲ类水质。“九五”期间，水质逐年下降，主要污染指标为石油类、生化需氧量、化学需氧量或高锰酸盐指数。“十五”期间，水质逐年好转，生化需氧量、高锰酸盐指数等多项污染指标浓度逐年下降。从 2004 年开始，水质明显好转，由中度污染好转为轻度污染，多年来以Ⅳ类水质为主，主要污染指标为石油类。2017 年以来，水质好转为Ⅱ类。
- **大型底栖动物种类**：八目石蛭、苏氏尾鳃蚓、溪流摇蚊、小云多足摇蚊、前突摇蚊、纹沼螺、狭萝卜螺、梨形环棱螺。
- **着生藻类种类**：颗粒直链藻、纤细异极藻、缢缩异极藻、膨胀桥弯藻、扁圆舟形藻、线形舟形藻、钝脆杆藻、谷皮菱形藻、近线形菱形藻、球囊藻、爪哇栅藻、齿牙栅藻、巨颤藻、绿色裸藻、矩圆囊裸藻。

◆ 汤河桥断面桩

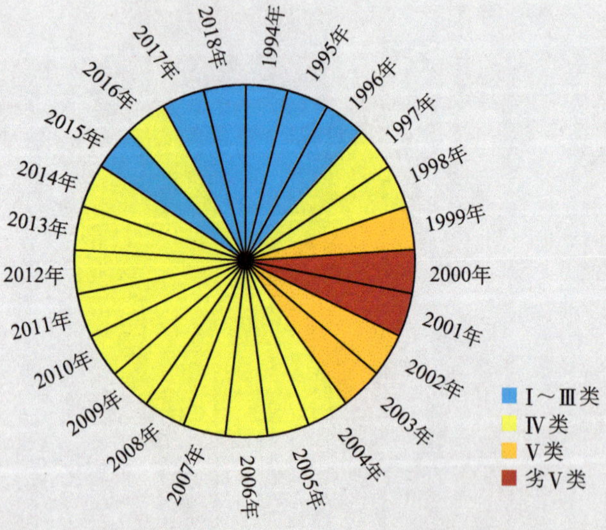

汤河桥断面 1994—2018 年水质变化

▲ 汤河桥断面上游

▲ 汤河桥断面下游

八目石蛭

苏氏尾鳃蚓

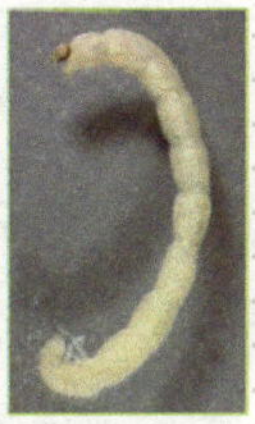

溪流摇蚊

纹沼螺

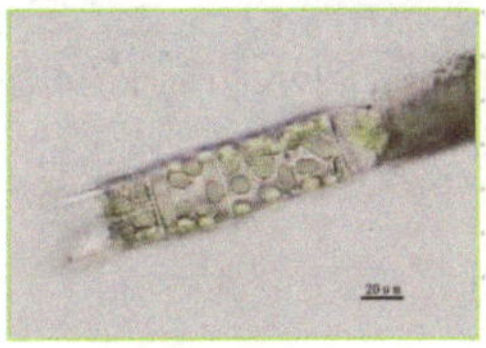

颗粒直链藻

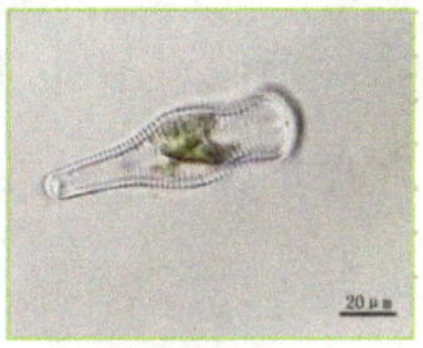

缢缩异极藻

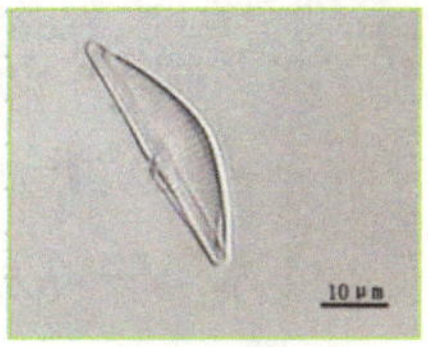

膨胀桥弯藻

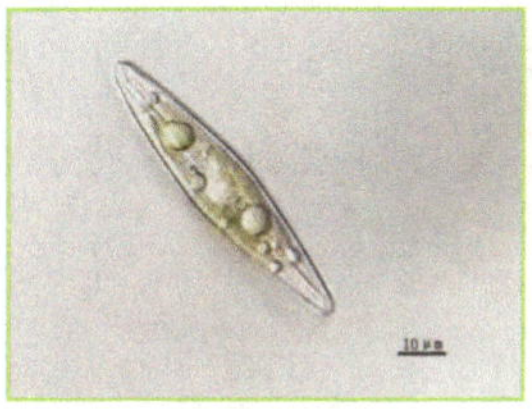

线形舟形藻

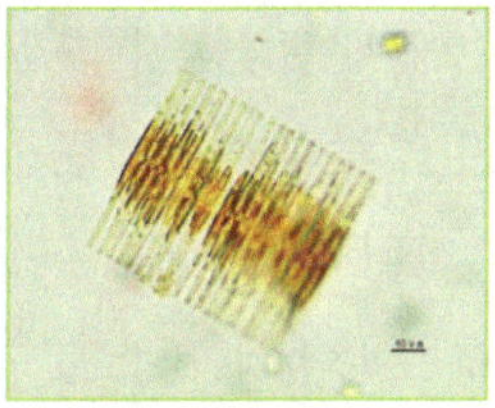

钝脆杆藻

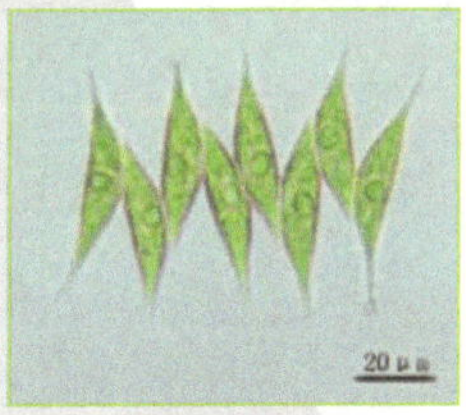

爪哇栅藻

绿色裸藻

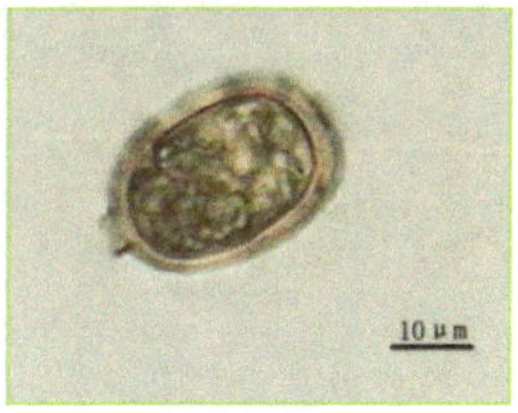

矩圆囊裸藻

4.9 下王家

- **断面属性：**太子河干流断面
- **断面地址：**辽宁省辽阳市太子河区望水台街道
- **设置目的：**反映太子河干流水质状况
- **断面类型和采样条件：**河流断面；桥上采样，河面较宽，采样方便
- **周围环境描述和标志：**河道较宽，两侧有堤坝，堤坝外为农田及村庄
- **交通路线：**辽阳—民主路—202 国道—下王家桥
- **水质状况：**1995—2017 年，下王家断面水质总体为轻度污染，水质类别在Ⅳ～Ⅴ类，主要污染指标为石油类。2018 年水质好转为Ⅲ类。
- **大型底栖动物种类：**霍甫水丝蚓、溪流摇蚊、浅白雕翅摇蚊、花翅前突摇蚊、细蜉、东方蜉、七纹尾鳃、黑脊尾鳃、亚洲瘦鳃、中华小长臂虾、闪蚬、狭萝卜螺。
- **着生藻类种类：**梅尼小环藻、颗粒直链藻极狭变种螺旋变型、扁圆卵形藻、披针曲壳藻、小形异极藻、偏肿桥弯藻、小形舟形藻、放射舟形藻、普通等片藻、钝脆杆藻、尖针杆藻、短小针杆藻、爪哇栅藻、小空星藻、规则四角藻、小黄丝藻。

◆ 下王家断面桩

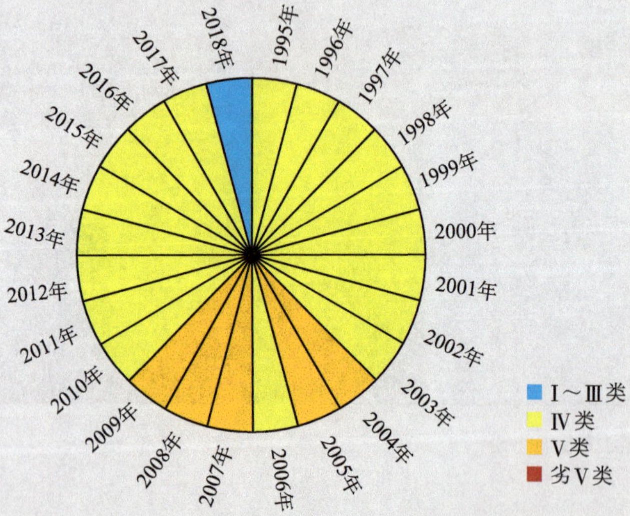

下王家断面 1995—2018 年水质变化

▲ 下王家断面上游

▲ 下王家断面下游

霍甫水丝蚓

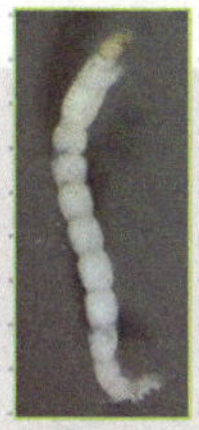

花翅前突摇蚊

细蜉

东方蜉

七纹尾蟌

中华小长臂虾

闪蚬

狭萝卜螺

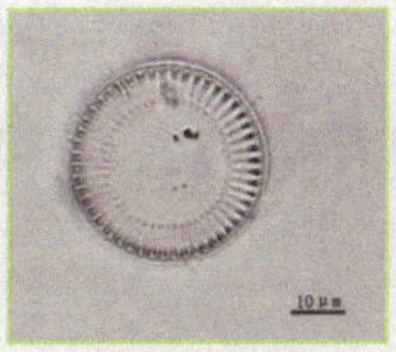

梅尼小环藻

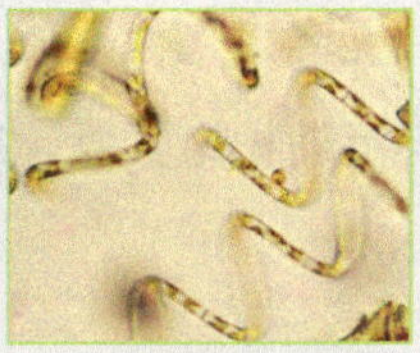

颗粒直链藻极狭变种螺旋变型

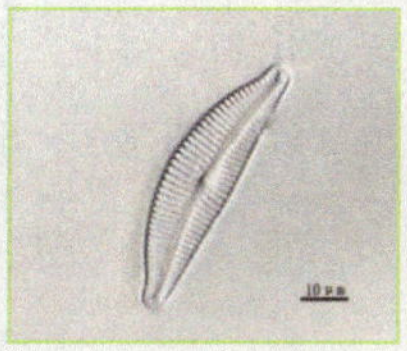

偏肿桥弯藻

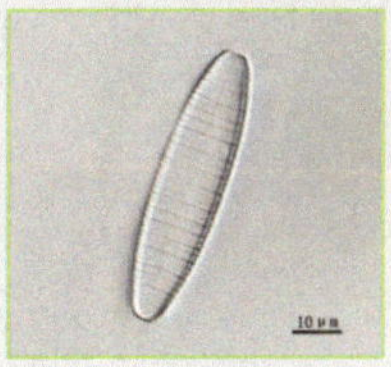

普通等片藻

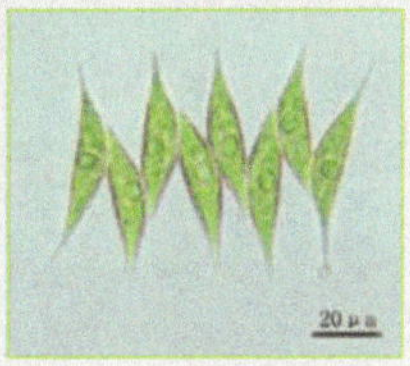

爪哇栅藻

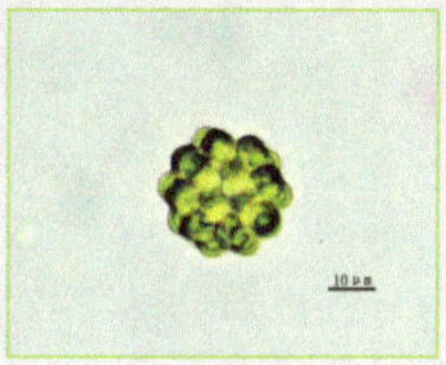

小空星藻

4.10 北沙河—河洪桥

- **断面属性：**太子河一级支流入河口断面
- **断面地址：**辽宁省辽阳市太子河区王家镇河洪村
- **设置目的：**反映北沙河入太子河前水质状况
- **断面类型和采样条件：**河流断面；桥上采样，河面宽约 15 m，深度较浅，采样方便
- **周围环境描述和标志：**河流两侧为农田
- **交通路线：**辽阳—202 国道—下王家桥—左转—河洪桥
- **水质状况：**1994—2018 年，河洪桥断面水质污染严重，二十五年间，除了 1995 年、1996 年、2013 年和 2014 年水质在Ⅳ～Ⅴ类外，其余年份全部为劣Ⅴ类水质。“九五”期间主要污染指标为生化需氧量。“十五”期间氮、磷污染问题凸显，氨氮、总磷和高锰酸盐指数也成为主要污染指标。自“十一五”以来，水质逐年好转，多项指标浓度明显下降，主要污染物为氨氮。2015—2018 年，总磷成为主要污染物。

◆ 河洪桥断面桩

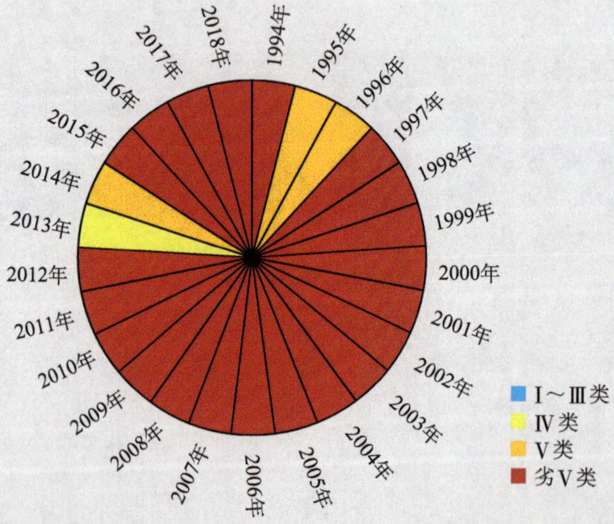

河洪桥断面 1994—2018 年水质变化

◀ 河洪桥断面上游

▼ 河洪桥断面下游

4.11 下口子

- **断面属性**：太子河干流断面
- **断面地址**：辽宁省辽阳市辽阳县唐马寨镇大背村
- **设置目的**：反映太子河干流水质状况，为辽阳出市断面
- **断面类型和采样条件**：河流断面；岸边采样，河面较宽，河深较深，汛期水量较大，采样不便利
- **周围环境描述和标志**：河面宽约 170 m，两侧为农田
- **交通路线**：辽阳—沙岭—黄泥洼—小北河—唐马寨—大背村
- **水质状况**：1994—2008 年，下口子断面水质总体污染较重，除 1996 年为Ⅲ类水质外，其余年份水质类别在Ⅳ～劣Ⅴ类，主要污染指标为生化需氧量和高锰酸盐指数。2009 年开始，水质有所好转，由中度污染—重度污染好转为轻度污染。2016 年水质有所下降，为Ⅴ类。2017 年水质转为良好。2018 年因氨氮浓度上升，水质下降为Ⅴ类水质。

◆ 下口子断面桩

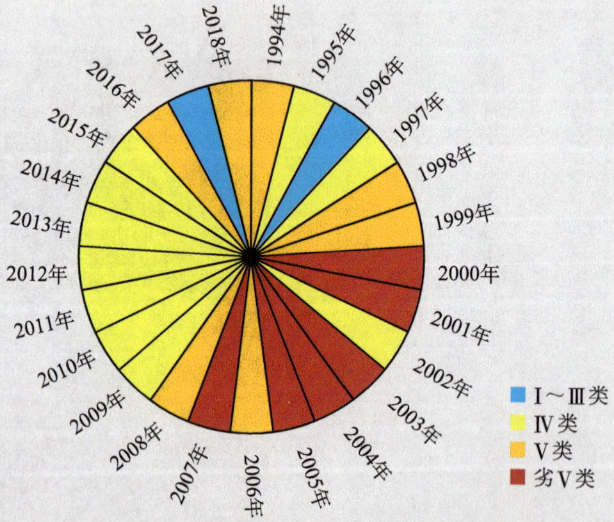

下口子断面 1994—2018 年水质变化

下口子断面上游 ▶

◀ 下口子断面下游

4.12 刘家台

- **断面属性：**太子河干流断面
- **断面地址：**辽宁省海城市望台镇刘家台村
- **设置目的：**反映太子河鞍山段水质状况
- **断面类型和采样条件：**河流断面；河面较宽，有浮桥，采样便利
- **周围环境描述和标志：**断面位于海城市望台镇刘家台村太子河堤坝内，周围是村庄、农田等。受上游水量影响水量出现波动，流量范围 10 ～ 300 m^3/s，断面设有浮桥，遇到丰水期浮桥拆除。冬季（12 月、1 月、2 月）河流结冰
- **交通路线：**鞍山—解放西路—沈营线（海城方向）—望台镇交通岗右行前往太子河堤坝方向—浮桥
- **水质状况：**1995—2012 年，刘家台断面水质污染严重，十八年间全部为劣Ⅴ类水质，主要污染指标为氨氮和化学需氧量。“十一五”期间，主要污染指标为氨氮。2013 年之后，水质呈好转趋势。2013—2014 年为Ⅳ类水质，2015—2017 年受干旱影响，水质下降为Ⅴ类，2018 年水质为劣Ⅴ类，主要污染指标为氨氮、化学需氧量和总磷。

◆ 刘家台断面桩

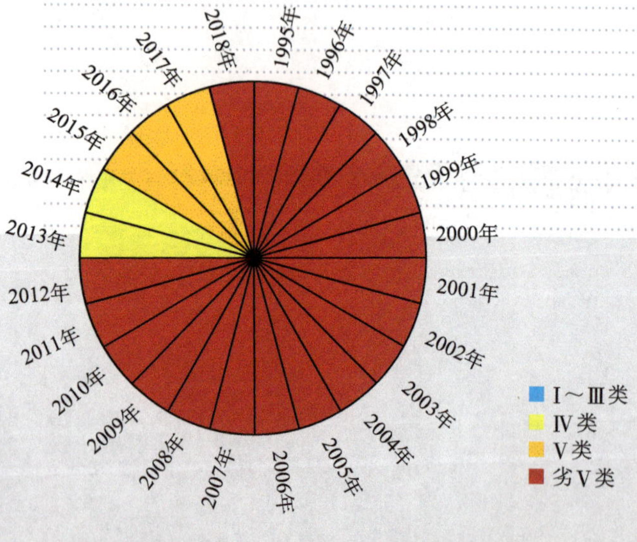

刘家台断面 1995—2018 年水质变化

◀ 刘家台断面上游

▼ 刘家台断面下游

4.13 海城河—牛庄

- **断面属性：**太子河一级支流入河口断面
- **断面地址：**辽宁省海城市牛庄镇隆泉村
- **设置目的：**反映海城河汇入太子河的水质状况
- **断面类型和采样条件：**河岸断面；河面较宽，水流较浅，采样方便
- **周围环境描述和标志：**河面较宽，周围护岸植被状况一般，断面位于坝内
- **交通路线：**鞍山—G202（海城方向）—海城外环—S312（牛庄方向），下牛庄大桥后，由环城北路进入
- **水质状况：**2003—2011 年，牛庄断面水质污染严重，九年间全部为劣Ⅴ类水质。2007 年污染最重，7 项指标浓度超Ⅴ类水质标准，氨氮、生化需氧量、化学需氧量、高锰酸盐指数、总磷等多项指标浓度均达历史峰值。自 2008 年开始，水质明显好转，多项指标浓度明显下降。2012 年首次达到Ⅳ类水质标准，由重度污染改善至轻度污染水平。2015 年、2017 年和 2018 年因氨氮浓度升高，水质下降为劣Ⅴ类水质。

◆ 牛庄断面桩

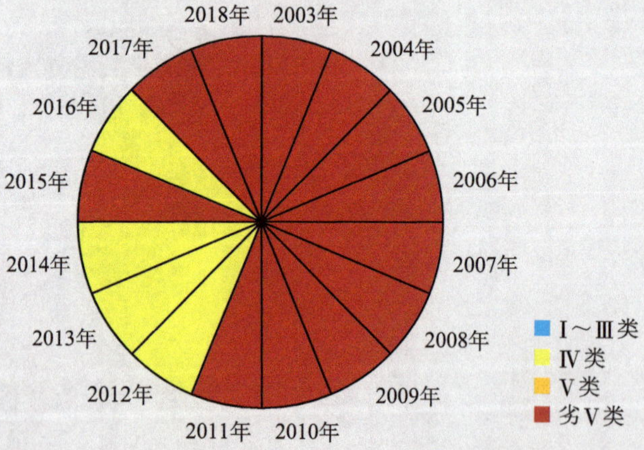

牛庄断面 2003—2018 年水质变化

◀ 牛庄断面上游

▼ 牛庄断面下游

4.14 小姐庙

- **断面属性**：太子河干流断面
- **断面地址**：鞍山海城市牛庄镇
- **设置目的**：反映太子河出鞍山市前的水质状况
- **断面类型和采样条件**：河流断面；河面较宽，有浮桥，采样便利
- **周围环境描述和标志**：断面周围为农田，河水常年不断流，水面设有浮桥，每年冬季的寒冷季节水面完全结冰，冰层平均厚度为35～45 cm，冰层下面有水流。丰水期河宽约110 m，枯水期河宽约50 m
- **交通线路**：向海城牛庄“温香”方向行驶，行驶至浮桥处即到达
- **水质状况**：1994—2012年，小姐庙断面水质污染严重，达重度污染水平，各年水质均为劣Ⅴ类，主要污染指标为氨氮、化学需氧量和石油类。2013—2017年，水质明显好转，各年水质均符合好于Ⅴ类水质标准。2018年，因氨氮浓度略高，导致水质为劣Ⅴ类；除氨氮外，其他指标均符合好于Ⅳ类标准。
- **大型底栖动物种类**：喙隐摇蚊、钩虾、背角无齿蚌。
- **着生藻类种类**：埃伦桥弯藻、大舟形藻、钝脆杆藻、变绿脆杆藻。

◆ 小姐庙断面桩

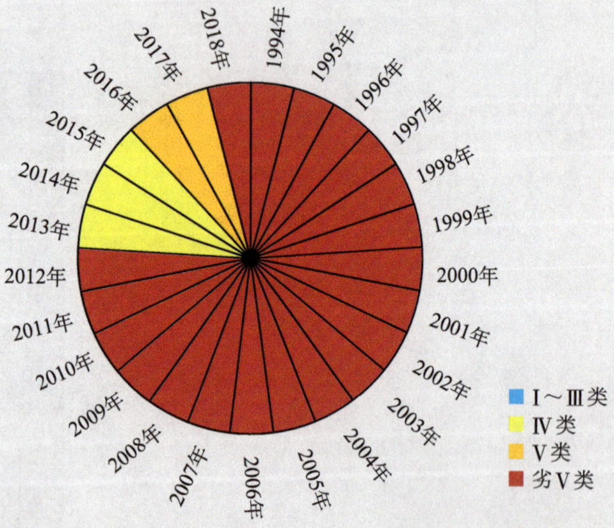

小姐庙断面 1994—2018 年水质变化

▲ 小姐庙断面上游

▲ 小姐庙断面下游

喙隐摇蚊

钩虾

背角无齿蚌

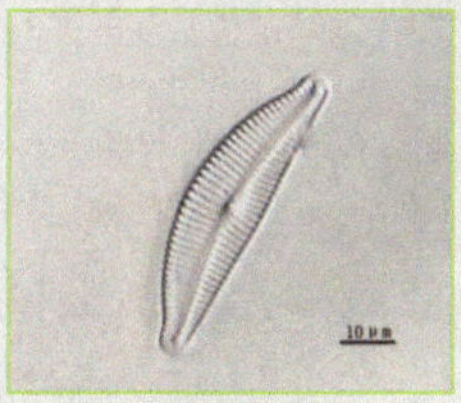

埃伦桥弯藻

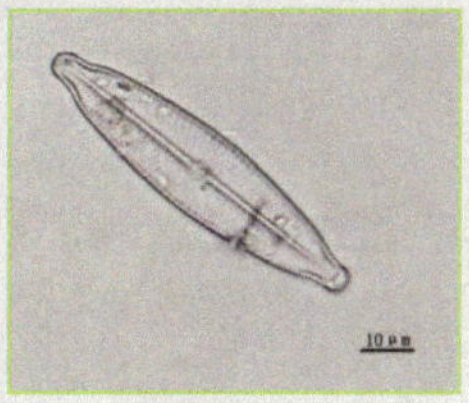

大舟形藻

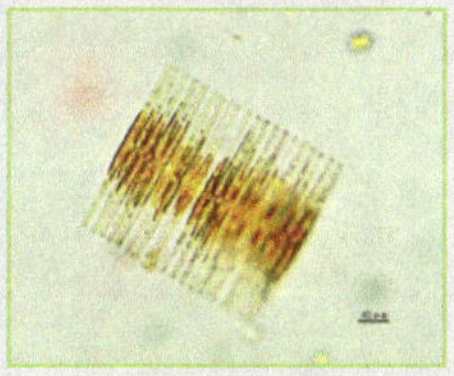

钝脆杆藻

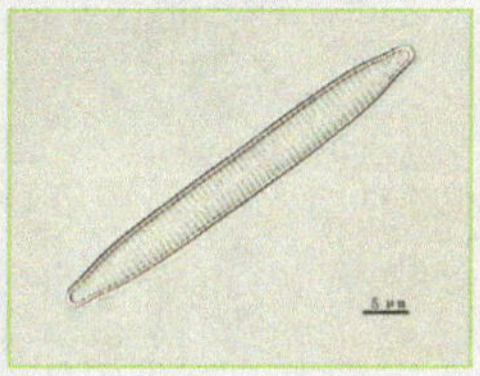

变绿脆杆藻

第5章

大辽河

5.1 三岔河

- **断面属性**：大辽河干流断面
- **断面地址**：辽宁省盘锦市盘山县古城子镇三岔河大桥
- **设置目的**：反映大辽河上游来水水质状况
- **断面类型和采样条件**：河流断面；桥上采样，采样便利
- **周围环境描述和标志**：河面宽度约 300 m，河流两侧为农田
- **交通路线**：盘锦—兴隆台—辽河路—科技大街—S312—三岔河大桥
- **水质状况**：三岔河断面水质总体污染严重，多数年份呈重度污染水平。1994—2012 年，各年水质均为劣Ⅴ类，主要污染指标为氨氮、化学需氧量和石油类。2013—2014 年，水质明显改善，由劣Ⅴ类好转为Ⅳ类。2015 年以来，因干旱导致水质有所反弹，水质为Ⅴ～劣Ⅴ类，除氨氮外，其他指标均符合或好于Ⅴ类水质标准。

◆ 三岔河断面桩

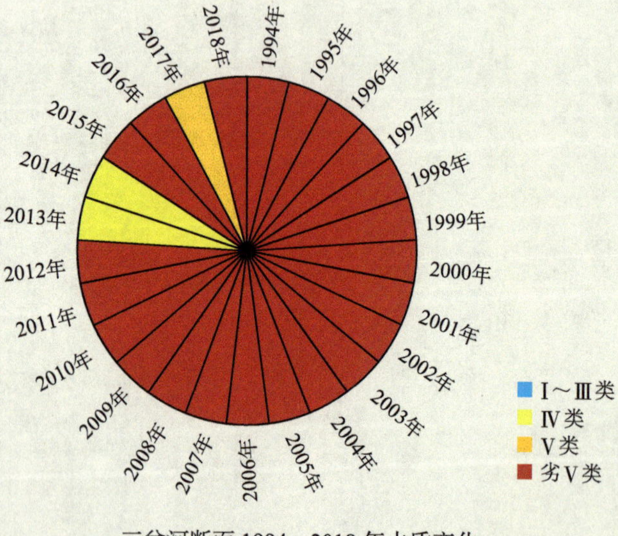

三岔河断面 1994—2018 年水质变化

◀ 三岔河断面上游

▼ 三岔河断面下游

5.2 辽河公园

- **断面属性**：大辽河干流断面
- **断面地址**：辽宁省营口市辽河大街
- **设置目的**：反映大辽河入渤海前的水质状况
- **断面类型和采样条件**：河岸断面；河面较宽，水流较缓，交通较方便，采样便利
- **周围环境描述和标志**：河面较宽，位于辽河公园附近，南侧为营口市西市区，北侧为盘锦大洼，以农田为主
- **交通路线**：金牛山大街—市府路—辽河大街—辽河公园
- **水质状况**：1994—2010 年，辽河公园断面水质污染严重，各年水质均为劣Ⅴ类，主要污染指标为氨氮和化学需氧量，为重度污染水平。其中 2005—2010 年，水质为劣Ⅴ类，但除氨氮超Ⅴ类标准外，其他各项指标均符合或好于Ⅴ类标准，以化学需氧量改善最为显著。2011 年以后，辽河公园断面水质明显好转，由劣Ⅴ类水质好转为Ⅳ类，并连续八年保持Ⅳ类水质，呈轻度污染水平。

◆ 辽河公园断面桩

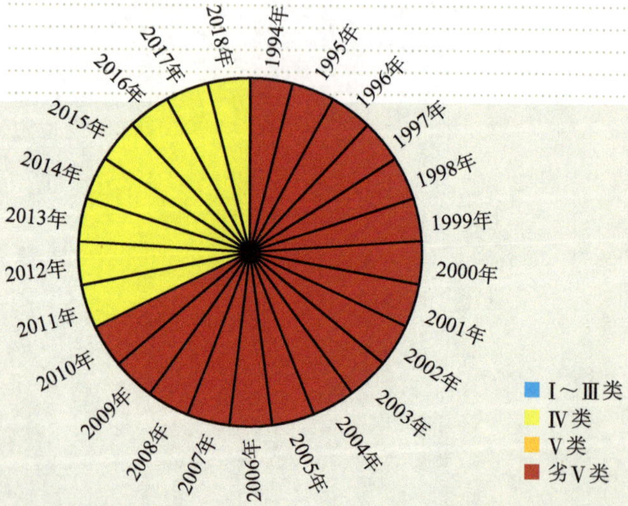

辽河公园断面 1994—2018 年水质变化

辽河公园断面上游 ▶

◀ 辽河公园断面下游

第6章

大凌河

6.1 王家窝棚

- **断面属性**：大凌河干流断面
- **断面地址**：辽宁省葫芦岛市建昌县王家窝铺
- **设置目的**：反映大凌河干流出葫芦岛市的水质状况
- **断面类型和采样条件**：河流断面；岸边采样，采样方便
- **周围环境描述和标志**：河面宽约 20 m，河流两侧为树木、灌木和草丛
- **交通路线**：葫芦岛—建昌—红旗街向北
- **水质状况**：王家窝棚断面自 2012 年开始监测。各年水质均符合或好于Ⅳ类水质标准，呈轻度污染水平。近三年以来，除 2017 年总磷浓度略超Ⅲ类标准外，其他各项指标各年度均符合或好于Ⅲ类水质标准。

◆ 王家窝棚断面桩

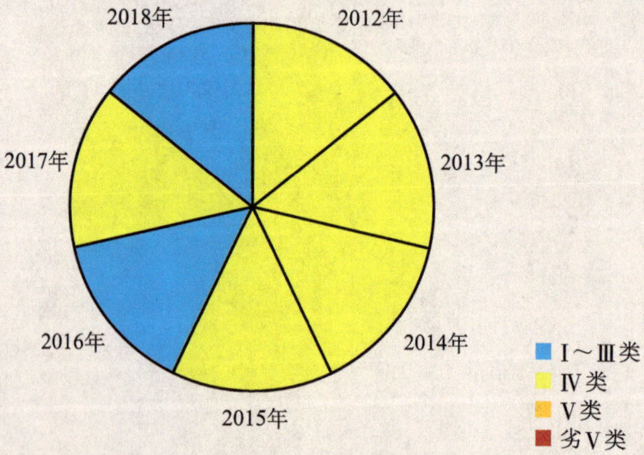

王家窝棚断面 2012—2018 年水质变化

王家窝棚断面上游

王家窝棚断面下游

6.2 大凌河西支—大凌河西支入河口

- **断面属性：**大凌河一级支流入河口断面
- **断面地址：**辽宁省朝阳市喀左县零号橡胶坝上游洞上村桥
- **设置目的：**反映大凌河西支进入大凌河前的水质状况
- **断面类型和采样条件：**河流断面；河面较宽，采样便利
- **周围环境描述和标志：**河面较宽，周围植被多为灌木和草地
- **交通路线：**朝阳—京四高速—喀左县公营子镇—喀左县大城子镇
- **水质状况：**大凌河西支入河口断面于2012年开始监测。2012年为Ⅴ类水质，主要污染指标为五日生化需氧、化学需氧量和石油类。2013年起，断面水质有所好转。2013年为Ⅳ类水质，仅有石油类一项指标超Ⅲ类标准。2014—2017年，连续四年为Ⅱ类水质，水质优良。2018年，因五日生化需氧和化学需氧量浓度略高，为Ⅳ类水质。

◆ 大凌河西支入河口断面桩

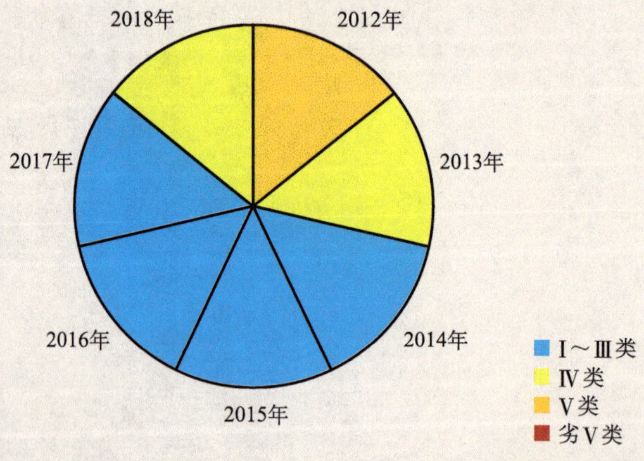

大凌河西支入河口断面2012—2018年水质变化

◀ 大凌河西支入河口断面上游

▼ 大凌河西支入河口断面下游

6.3 老虎山河—老虎山河大桥

- **断面属性**：大凌河一级支流老虎山河入省断面
- **断面地址**：辽宁省朝阳市朝阳县老虎山村
- **设置目的**：反映老虎山河入（辽宁）境前水质状况
- **断面类型和采样条件**：河岸断面；中泓采样，河面较窄，水流较小，河深较浅，采样便利
- **周围环境描述和标志**：河面较窄，两岸为农田
- **交通路线**：朝阳市—丹锡高速—喀喇沁互通—锦赤线—老虎山河大桥
- **水质状况**：老虎山河大桥断面仅监测了 2016 年、2017 年和 2018 年三年，水质良好，一直保持Ⅱ类水质。

◆ 老虎山河大桥断面桩

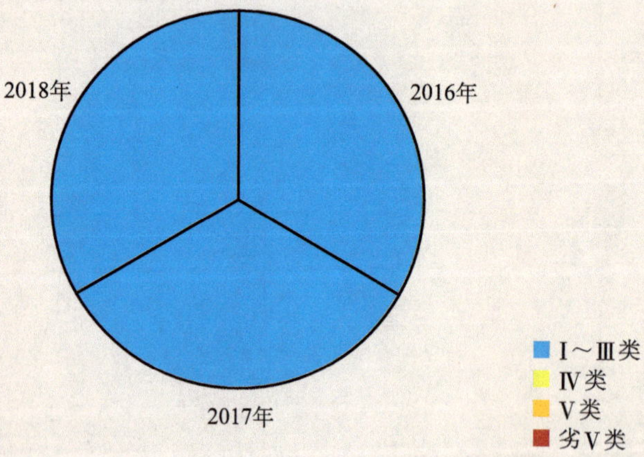

老虎山河大桥断面 2016—2018 年水质变化

▲ 老虎山河大桥断面上游

老虎山河大桥断面下游 ▶

6.4 老虎山河—李家湾大桥

- **断面属性：**大凌河一级支流入河口断面
- **断面地址：**辽宁省朝阳市朝阳县李家湾大桥下游 200 m 处
- **设置目的：**反映老虎山河进入大凌河干流前的水质状况
- **断面类型和采样条件：**河岸断面；河面较宽，水深较浅，比较方便采样
- **周围环境描述和标志：**河面较宽，周围护岸植被状况一般，多为灌木和草地
- **交通路线：**朝阳—101 国道—朝阳县大平房镇—杨树湾村—李家湾大桥
- **水质状况：**2012、2013 年，李家湾大桥断面水质分别受生化需氧量和石油类影响呈轻度污染。自 2014 年开始，水质明显好转，呈良好水平，持续五年保持Ⅰ～Ⅲ类水质。

◆ 李家湾大桥断面桩

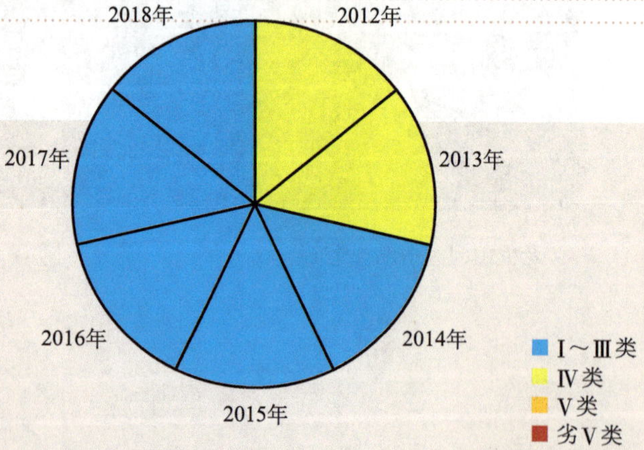

李家湾大桥断面 2012—2018 年水质变化

▼ 李家湾大桥断面上游

▼ 李家湾大桥断面下游

6.5 南大桥

- **断面属性**：大凌河干流断面
- **断面地址**：辽宁省朝阳市凌河街四段
- **设置目的**：反映朝阳市入市区前大凌河干流水质状况
- **断面类型和采样条件**：河岸断面；河面较宽，水深较浅，比较方便采样
- **周围环境描述和标志**：河面较宽，周围护岸植被状况一般，多为灌木和草地
- **交通路线**：朝阳市—阳大街—凌凤大桥—南大桥
- **水质状况**：1994—1995 年，南大桥断面水质良好。1996—2004 年，受石油类污染指标影响，水质总体呈轻度污染水平，除 1998、1999 年为Ⅲ类外，其他七年均为Ⅳ类。2005 年，受阴离子表面活性剂影响，水质仍为轻度污染。自 2006 年开始，水质明显好转，并连续十三年保持良好水平。
- **大型底栖动物种类**：宽身舌蛭、苇氏巴蛭、喙隐摇蚊、细巧径石蚕、雅丝扁蚴蜉、细蜉、狄氏泥甲、闪蓝丽大蜻、黑脊尾蟌、中华小长臂虾、中华沼螺、光滑狭口螺、狭萝卜螺、梨形环棱螺。

◆ 南大桥断面桩

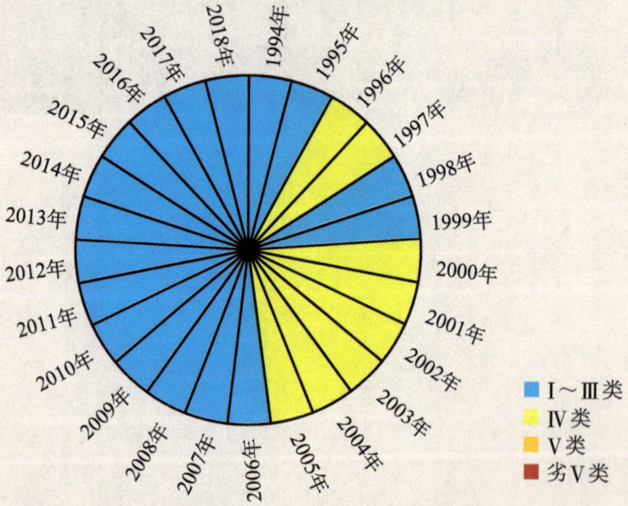

南大桥断面 1994—2018 年水质变化

▲ 南大桥断面上游

▲ 南大桥断面下游

宽身舌蛭

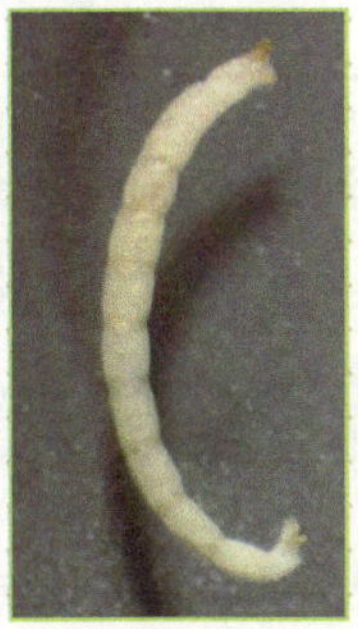

喙隐摇蚊

雅丝扁蚴蜉

细蜉

闪蓝丽大蜻

黑脊尾鳃

狭萝卜螺

梨形环棱螺

6.6 章吉营

- **断面属性**：大凌河干流断面
- **断面地址**：辽宁省北票市章吉营乡章吉营村窟窿山大桥
- **设置目的**：反映大凌河进入白石水库前的水质状况及出朝阳市区的水质状况
- **断面类型和采样条件**：河岸断面；河面较宽，水深较浅，比较方便采样
- **周围环境描述和标志**：河面较宽，周围护岸植被状况一般，多为灌木和草地
- **交通路线**：朝阳—锦赤线—外环—窟窿山大桥
- **水质状况**：1994—1998 年，章吉营断面水质污染严重，其中 1996 年为劣Ⅴ类水质，其他各年度均为Ⅴ类水质，主要污染指标为生化需氧量和化学需氧量。1999—2003 年，水质污染明显加重，生化需氧量、化学需氧量和高锰酸盐指数浓度逐年上升。2001 年起，氨氮浓度急剧升高，也成为主要污染指标之一。自 2004 年开始，主要污染指标浓度逐年下降，但直到 2010 年各年度仍为劣Ⅴ类水质。2011 年开始，水质明显持续好转，由重度污染改善至轻度污染水平乃至良好水平。2014 年开始好转为Ⅲ类水质，并连续保持五年。
- **大型底栖动物种类**：苇氏巴蛭、八目石蛭、苏氏尾鳃蚓、水丝蚓、斑点小划蝽、水黾、毛头瘤虻、蚋、雅大蚊 B 种、喙隐摇蚊、柔嫩雕翅摇蚊、纹石蚕、短线短脉纹石蚕、天角蜉、雅丝扁蚴蜉、细蜉、东方蜉、四节蜉、狄氏泥甲、小叶春蜓、亚洲瘦蟌、中华小长臂虾、光滑狭口螺、纹沼螺、卵萝卜螺、狭萝卜螺。

◆ 章吉营断面桩

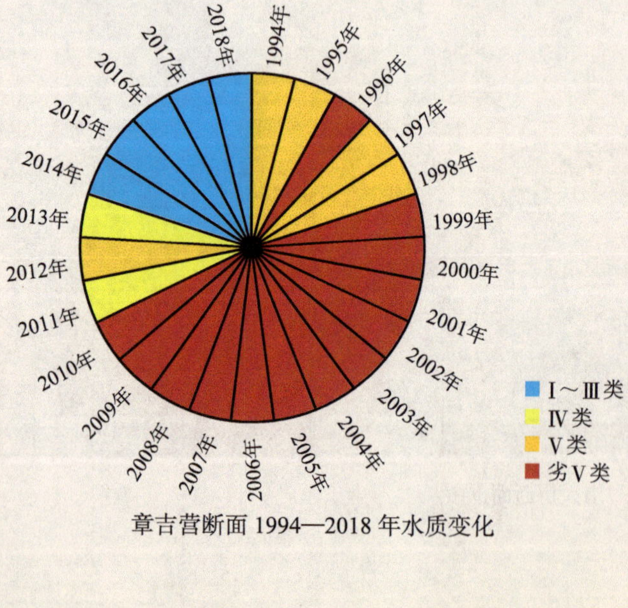

章吉营断面 1994—2018 年水质变化

▲ 章吉营断面上游

▲ 章吉营断面下游

八目石蛭

斑点小划蝽

毛头瘤虻

蚋

雅大蚊 B 种

纹石蚕

雅丝扁蚴蜉

细蜉

东方蜉

亚洲瘦蟌

中华小长臂虾

狭萝卜螺

6.7 牤牛河—牤牛河大桥

- **断面属性：**大凌河一级支流入河口断面
- **断面地址：**辽宁省北票市马友营子乡下窑村
- **设置目的：**反映牤牛河进入白石水库的水质状况
- **断面类型和采样条件：**河岸断面；河面较宽，水深较浅，比较方便采样
- **周围环境描述和标志：**河面较宽，周围护岸植被状况一般，多为灌木和草地
- **交通路线：**朝阳京四高速—北票马友营子—牤牛河大桥
- **水质状况：**2004—2018 年，牤牛河大桥断面共监测十三年，其中 2007、2008 年无监测数据。2004 年仅监测了高锰酸盐指数、总磷、化学需氧量等 5 项指标，水质良好。2005 年因化学需氧量污染较重为重度污染。2006 年、2009 年分别因生化需氧量和总磷而呈轻度污染。2010 年水质明显好转，呈良好水平。2011 年受生化需氧量指标影响水质呈中度污染。2012 年至今，水质持续稳定，保持在良好水平。

◆ 牤牛河大桥断面桩

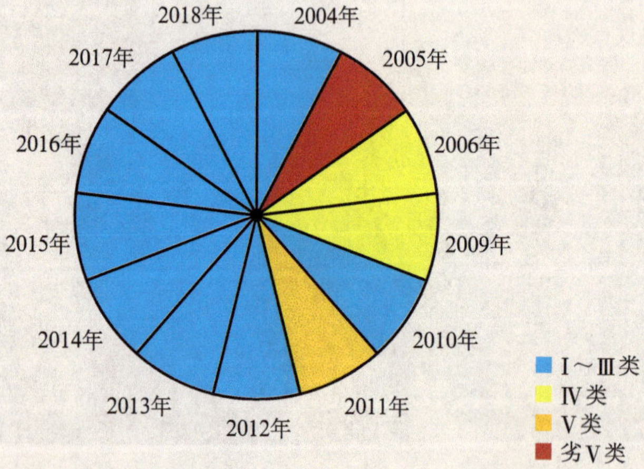

牤牛河大桥断面 2004—2018 年水质变化

◀ 牤牛河大桥断面上游

▼ 牤牛河大桥断面下游

6.8 王家沟

- **断面属性**：大凌河干流断面
- **断面地址**：辽宁省义县头道河乡
- **设置目的**：反映大凌河进入锦州境内的水质状况，是大凌河锦州镜内的对照断面（入境断面）
- **断面类型和采用条件**：河流断面；河面较宽，比较方便采样
- **周围环境描述和标志**：河面宽度约 15 m，河流两侧为农田
- **交通路线**：锦州市—锦义路—义县—万佛堂—王家沟大桥
- **水质状况**：1994—2004 年，王家沟断面水质污染较重，总体为中度或重度污染水平，水质类别在Ⅳ～劣Ⅴ类，主要污染指标为高锰酸盐指数和生化需氧量。自 2005 年开始，水质明显持续好转，主要污染指标浓度逐年下降，由中、重度污染改善至轻度污染乃至良好水平。自 2009 年开始，水质连续十年符合或好于Ⅲ类标准。
- **大型底栖动物种类**：苇氏巴蛭、八目石蛭、毛头瘤虻、新宾纺蚋、喙隐摇蚊、梯形多足摇蚊、蜉蝣骑蜉摇蚊、格氏星齿蛉、短线短脉纹石蚕、卡罗长角纹石蚕、小蜉、安图小蜉、红天角蜉、三刺弯握蜉、扁蜉 A 种、雅丝扁蚴蜉、细蜉、华丽蜉、四节蜉、黄河花蜉、红纹蜉、圆眼粒龙虱、细带斑孔龙虱、格氏金光伪蜻、绿钩尾春蜓、黑色蟌、中华齿米虾、赤豆螺。

◆ 王家沟断面桩

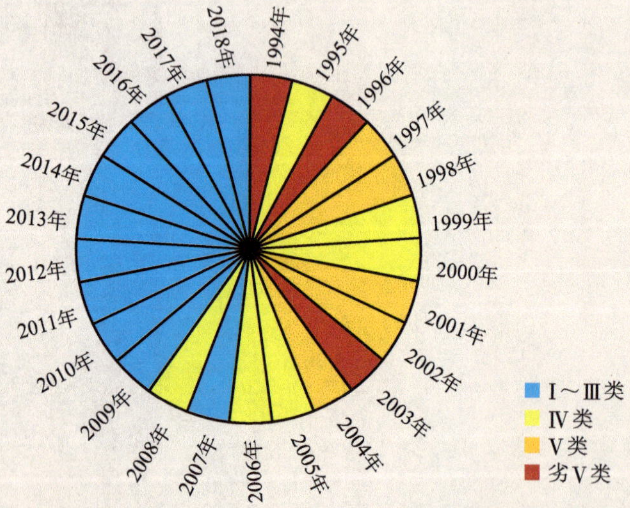

王家沟断面 1994—2018 年水质变化

▲ 王家沟断面上游

▲ 王家沟断面下游

八目石蛭

毛头瘤虻

新宾纺蚋

格氏星齿蛉

卡罗长角纹石蚕

三刺弯握蜉

雅丝扁蚴蜉

黄河花蜉

细带斑孔龙虱

格氏金光伪蜻

黑色蟌

中华齿米虾

6.9 西细河—高台子

- **断面属性**：大凌河一级支流入河口断面
- **断面地址**：辽宁省锦州市义县高台子镇东高家屯村
- **设置目的**：反映细河从阜新市进入锦州市的水质状况
- **断面类型和采样条件**：河流断面；水流较浅，采样方便
- **周围环境描述和标志**：河面不宽，河流两侧主要为玉米田，岸边有一定量的乔木
- **交通路线**：阜新—G2512 阜锦高速至清河门—204 省道至义县高台子镇—东高家屯村
- **水质状况**：1998—2012 年，高台子断面水质污染十分严重，十五年间全部为劣Ⅴ类水质，各年均有多项指标超标，主要污染指标为氨氮、化学需氧量和生化需氧量。其中 2004 年污染最重，共有 6 项指标浓度劣于Ⅴ类水质标准，化学需氧量、高锰酸盐指数等多项指标浓度均达历史最高峰值。自 2013 年开始，水质明显逐年持续好转，多项指标浓度迅速下降，由重度污染改善至轻度污染。2013 年，水质首次好于Ⅴ类标准，并连续三年稳定保持Ⅳ类。2016 年、2018 年氟化物指标超出Ⅴ类水质标准 0.1 倍。

◆ 高台子断面桩

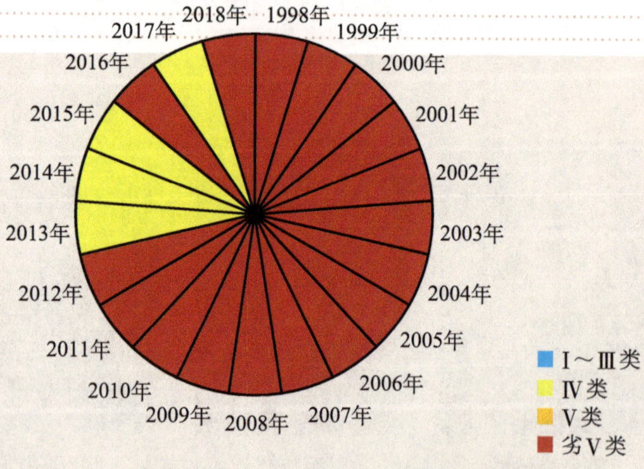

高台子断面 1998—2018 年水质变化

高台子断面上游

高台子断面下游

6.10 张家堡

- **断面属性：**大凌河干流断面
- **断面地址：**辽宁省义县张家堡乡
- **设置目的：**反映大凌河流经锦州境内义县段的水质状况，是大凌河锦州镜内的控制断面
- **断面类型和采用条件：**河流断面；桥上采样，比较方便采样
- **周围环境描述和标志：**河面宽约 30 m，河流两侧种植庄家，岸边是林地
- **交通路线：**锦州市—锦义路—白庙子—张家堡大桥
- **水质状况：**1994—1999 年，张家堡断面水质污染较重，总体为中度或重度污染水平，水质类别为Ⅳ～劣Ⅴ类，主要污染指标为高锰酸盐指数和生化需氧量。2000—2007 年，水质污染明显加重，氨氮、化学需氧量和总磷浓度逐年上升，跃升成为主要污染指标，除 2005 年外各年度均为劣Ⅴ类水质。自 2008 年开始，水质明显持续好转，主要污染指标浓度逐年下降，十一年间由重度污染改善至轻度污染乃至良好水平，2013、2014 年水质达历史最好，连续两年符合Ⅲ类水质标准。
- **大型底栖动物种类：**宽身舌蛭、苇氏巴蛭、八目石蛭、斑点小划蝽、毛头瘤虻、新宾纺蚋、食蚜蝇、黄色羽摇蚊、喙隐摇蚊、叶二叉摇蚊、梯形多足摇蚊、浅白雕翅摇蚊、三轮环足摇蚊、短线短脉纹石蚕、雅丝扁蜉蝣、细蜉、华丽蜉、四节蜉、白尾灰蜻、马奇异春蜓、黑色蟌、中华齿米虾、中华小长臂虾、赤豆螺、直缘萝卜螺。

◆ 张家堡断面桩

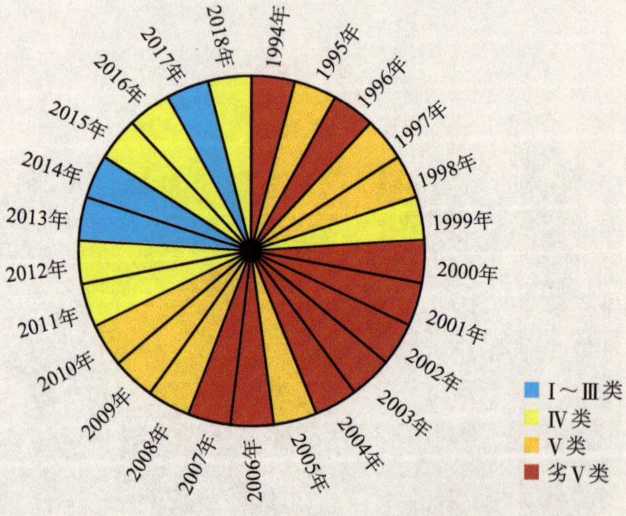

张家堡断面 1994—2018 年水质变化

▲ 张家堡断面上游

▲ 张家堡断面下游

八目石蛭

斑点小划蝽

毛头瘤虻

新宾纺蚋

喙隐摇蚊

短线短脉纹石蚕

雅丝扁蚴蜉

细蜉

马奇异春蜓

黑色蟌

中华齿米虾

中华小长臂虾

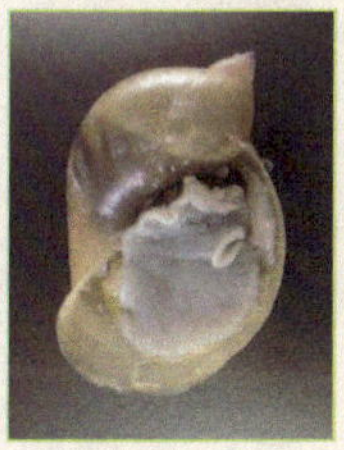

直缘萝卜螺

6.11 西八千

- **断面属性**：大凌河干流断面
- **断面地址**：辽宁省凌海市西八千乡
- **设置目的**：反映大凌河流经锦州后进入辽东湾前的水质状况
- **断面类型和采用条件**：河流断面；河面较宽，但水流较浅，比较方便采样
- **周围环境描述和标志**：河面宽约 20 m，周围植被多为草地
- **交通路线**：锦州市—102 国道—阎家—采油厂—西八千乡
- **水质状况**：1994—2009 年，西八千断面水质污染十分严重，十六年间全部为劣Ⅴ类水质。“九五”期间主要污染指标为生化需氧量、化学需氧量和高锰酸盐指数。“十五”期间总磷污染问题凸显，总磷和溶解氧也成为主要污染指标。2000 年污染最重，8 项指标浓度劣于Ⅴ类水质标准，化学需氧量、生化需氧量等多项指标浓度均达历史峰值。自“十一五”以来，水质逐年好转，多项指标浓度迅速下降，2010 年首次好于Ⅴ类水质标准，由重度污染改善至轻度污染水平。2012、2013 年水质历史最好，连续两年符合Ⅲ类水质标准。2014—2018 年，水质类别稳定保持在Ⅳ类。

◆ 西八千断面桩

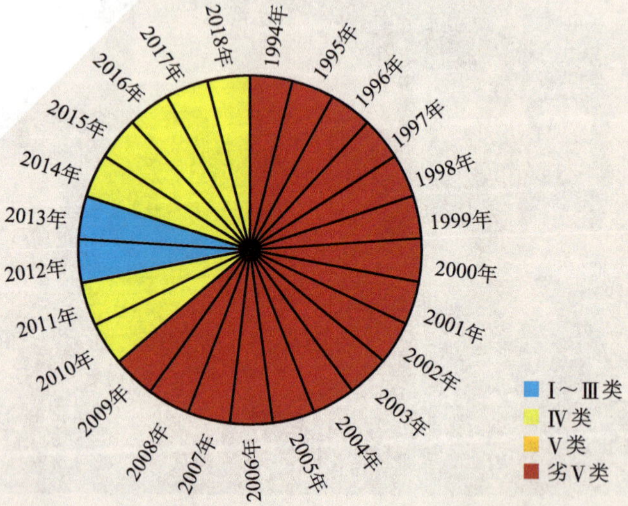

西八千断面 1994—2018 年水质变化

◀ 西八千断面上游

▼ 西八千断面下游

第7章

小凌河

7.1 何家信子

- **断面属性：**小凌河干流断面
- **断面地址：**辽宁省锦州市太和区
- **设置目的：**反映小凌河进入锦州境内时的水质状况，是小凌河锦州镜内的对照断面（入境断面）
- **断面类型和采用条件：**河流断面；河面较窄，但水流较浅，比较方便采样
- **周围环境描述和标志：**河面宽 5 m，周围植被状况较好，多为草地和树木
- **交通路线：**锦州市—锦凌路—何夹信子
- **水质状况：**2004—2005 年，何夹信子断面水质受总磷影响，呈中度污染。2006 年，水质明显好转，总磷浓度由Ⅴ类好转为Ⅲ类水平。2006 年至今，水质连续十三年稳定保持在良好水平。

◆ 何家信子断面桩

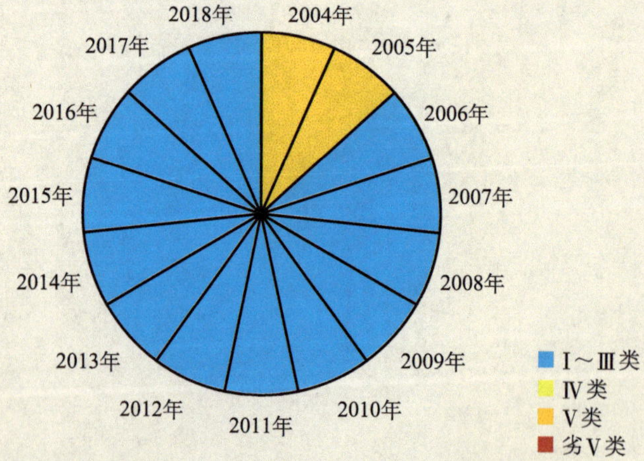

何家信子断面 2004—2018 年水质变化

◀ 何家信子断面上游

▼ 何家信子断面下游

7.2 女儿河—卧佛寺

- **断面属性：**小凌河一级支流女儿河市界断面
- **断面地址：**辽宁省葫芦岛市南票区金星镇卧佛寺村卧佛寺偏北侧
- **设置目的：**反映女儿河出葫芦岛市南票区的水质状况
- **断面和采样条件：**河流断面；水中直接采样，用采样桶采样，采样较方便
- **周围环境描述和标志：**河面宽约 20 m，河流两侧是耕地，岸边有一定数量乔木和灌木
- **交通路线：**葫芦岛市—高桥镇—金星镇—卧佛寺村—卧佛寺
- **水质状况：**2012—2018 年，卧佛寺断面仅监测七年。各年度水质良好，一直保持Ⅲ类水质。

◆ 卧佛寺断面桩

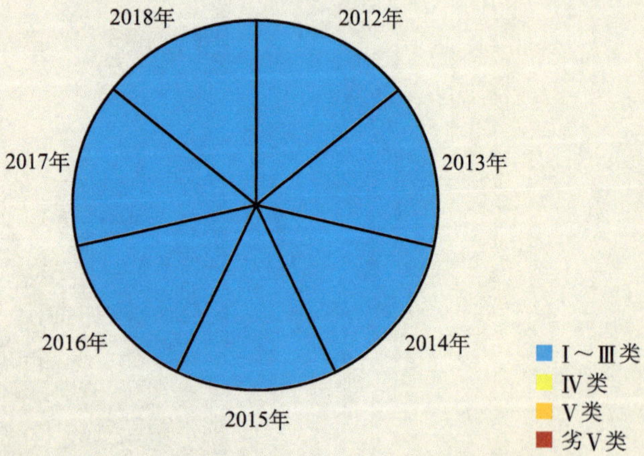

卧佛寺断面 2012—2018 年水质变化

◀ 卧佛寺断面上游

▼ 卧佛寺断面下游

7.3 女儿河—女儿河入河口

- **断面属性**：小凌河一级支流入河口断面
- **断面地址**：辽宁省锦州市松山新区
- **设置目的**：反映女儿河进入小凌河时的水质状况，是女儿河入小凌河锦州镜内的入河口
- **断面类型和采用条件**：河流断面；河面较窄，但水流较浅，比较方便采样
- **周围环境描述和标志**：河面宽约 5 m，岸两侧为林地
- **交通路线**：锦州市—云飞南街—女儿河桥下
- **水质状况**：2012—2018 年，女儿河入河口断面仅监测七年。除 2013 年为Ⅲ类水质外，其他各年度均为Ⅳ类。2012 年受氨氮影响水质呈轻度污染。2014 年、2015 水质呈轻度污染，主要污染指标为化学需氧量和生化需氧量。2016、2017 年和 2018 年分别因高锰酸盐指数、生化需氧量、化学需氧量而呈轻度污染。

◆ 女儿河入河口断面桩

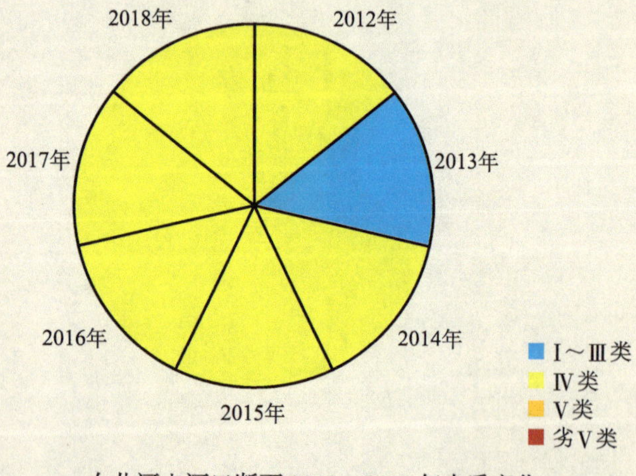

女儿河入河口断面 2012—2018 年水质变化

◀ 女儿河入河口上游

▼ 女儿河入河口下游

7.4 西树林

- **断面属性：** 小凌河干流断面
- **断面地址：** 辽宁省锦州市建业乡
- **设置目的：** 反映小凌河流经锦州市区经凌海市进入辽东湾的水质状况
- **断面类型和采用条件：** 河流断面；河面较宽，但水流较浅，比较方便采样
- **周围环境描述和标志：** 河面宽约 22 m，河流两侧为农田及林地
- **交通路线：** 锦州市—大碑—北壕—西树林
- **水质状况：** 2004—2011 年，西树林断面水质污染十分严重，八年间全部为劣Ⅴ类水质，主要污染指标为氨氮和总磷。2012 年，水质开始好转，氨氮浓度由劣Ⅴ类下降至Ⅴ类水平，总磷浓度由Ⅴ类下降至Ⅳ类，由重度污染改善至中度污染水平。2013 年，首次好于Ⅴ类水质标准，并连续六年稳定保持在轻度污染水平。

◆ 西树林断面桩

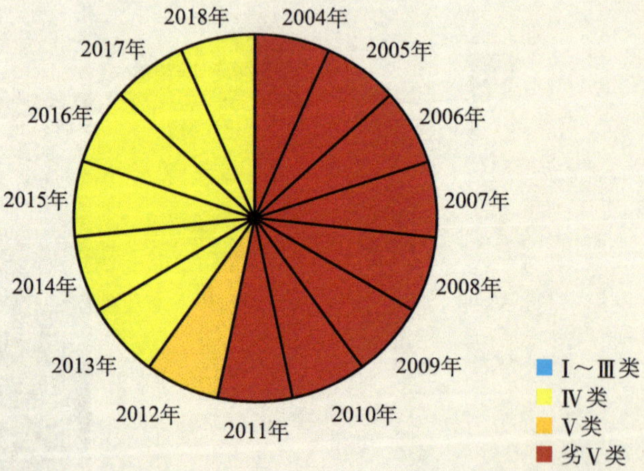

西树林断面 2004—2018 年水质变化

▲ 西树林断面上游

▲ 西树林断面下游

第8章

鸭绿江

8.1 水丰水库

- **断面属性**：鸭绿江干流断面
- **断面地址**：辽宁省丹东市宽甸满族自治县大西岔镇小荒沟村
- **设置目的**：反映水丰水库库体水质状况
- **断面类型和采样条件**：河流断面；船上采样，江面较宽，水流较急较深
- **周围环境描述和标志**：江面左岸为朝鲜山边陡坡，植被为树木和草丛；右岸为小荒沟村山边陡坡，植被为树木和灌木丛
- **交通路线**：丹东市—宽甸满族自治县—大西岔镇—小荒沟村
- **水质状况**：2016—2018 年，水丰水库断面仅监测三年，断面水质良好，一直保持Ⅱ类水质。

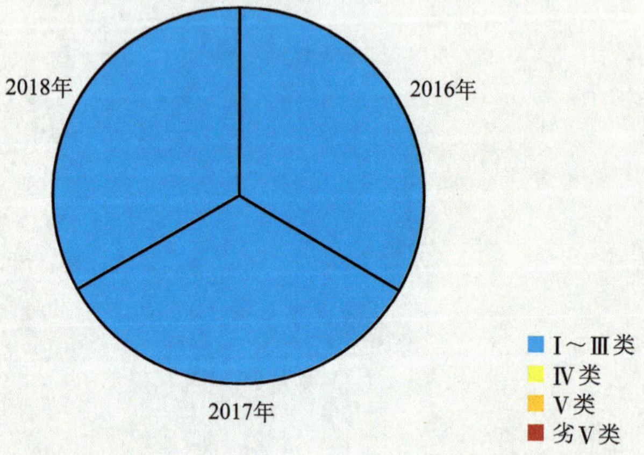

水丰水库断面 2016—2018 年水质变化

◀ 水丰水库断面

▼ 水丰水库断面

8.2 荒沟

- **断面属性**：鸭绿江干流断面
- **断面地址**：丹东市宽甸满族自治县古楼子乡南荒沟村荒沟水文站
- **设置目的**：反映鸭绿江（丹东段）上游水质状况
- **断面类型和采样条件**：对照断面，河岸断面；河面较宽（400 ～ 500 m），河流平稳，河段顺直，平均水深 4.0 m，河床质为砂砾，小船采样
- **周围环境描述和标志**：断面右岸（中国一侧）为山地，植被发育，鸭绿江（丹东段）的水文站设在此处（丹东荒沟水文站），岸边设有水位标尺，1993 年丹东市环保局立碑；左岸（朝鲜一侧）为耕地
- **交通路线**：丹东—滨江路—虎山—南荒沟—荒沟水文站
- **水质状况**：1995—2002 年，荒沟断面监测了 15 项指标，2003—2018 年监测了常规 21 项指标。除 1995 年、1996 年以及 1998 年受石油类指标影响水质呈轻度污染外，荒沟断面水质一直保持良好水平，近 20 年均保持 Ⅰ ～ Ⅲ类水质。
- **大型底栖动物种类**：苇氏巴蛭、毛头瘤虻、雅丝扁蚴蜉、弯钩高翔蜉、网石蝇、扁泥甲、异钩虾、方格短沟蜷。
- **着生藻类种类**：变异直链藻、扁圆卵形藻、弯形弯楔藻、尖异极藻、缢缩异极藻、埃伦桥弯藻、短小舟形藻、短小辐节藻、普通等片藻、变绿脆杆藻、爆裂针杆藻、灿烂颤藻。

◆ 荒沟断面桩

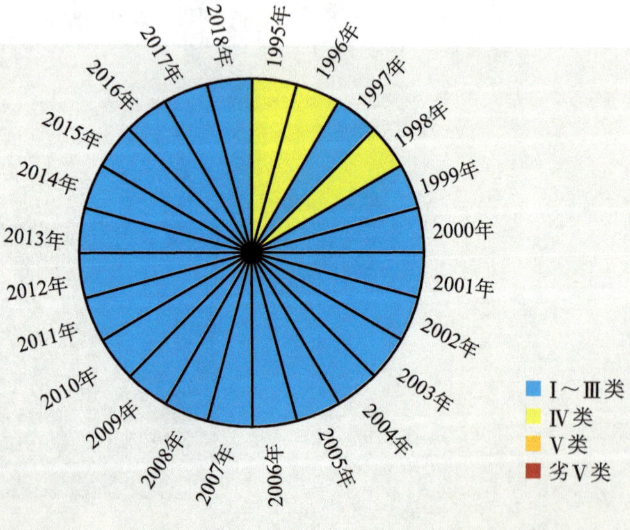

荒沟断面 1995—2018 年水质变化

▲ 荒沟断面上游

▲ 荒沟断面下游

毛头瘤虻

雅丝扁蜉蝣

网石蝇

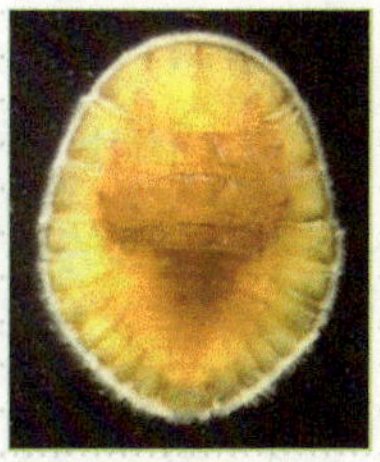

扁泥甲

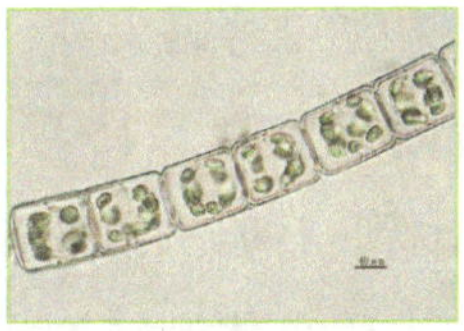

变异直链藻

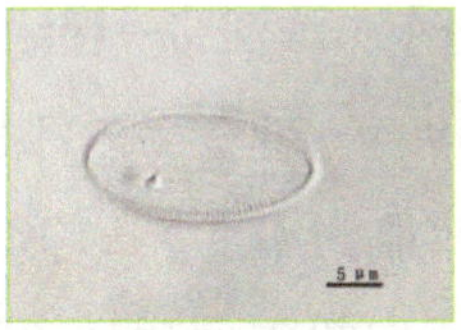

扁圆卵形藻

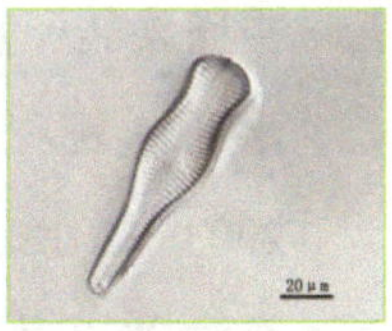

缢缩异极藻

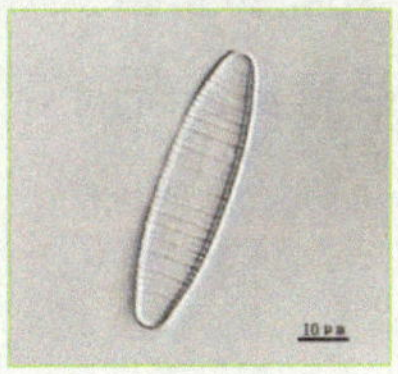

普通等片藻

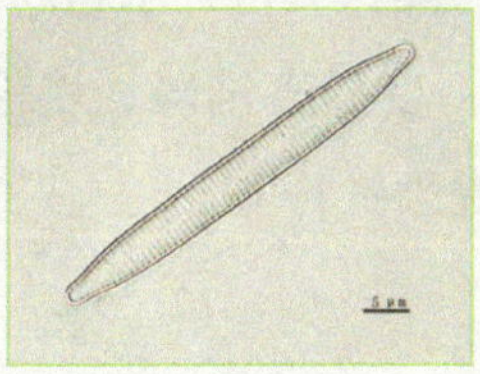

变绿脆杆藻

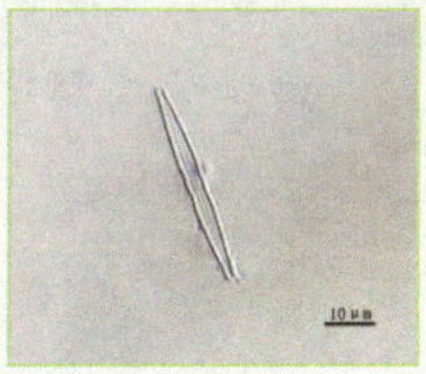

爆裂针杆藻

8.3 江桥

- **断面属性：**鸭绿江干流断面
- **断面地址：**丹东市区中心国门公园下方安东阁处
- **设置目的：**反映鸭绿江（丹东段）市区段水质状况
- **断面类型和采样条件：**控制断面，河岸断面；河面较宽（740 ～ 820 m），水流平稳，河段顺直，平均水深 4.25 m，河床质为砂砾，比较方便采样
- **周围环境描述和标志：**距离鸭绿江大桥垂线距离 200 m 左右。右岸是鸭绿江风景旅游区和丹东市沿江开发区，左岸是朝鲜新义州市的江岸公园。两岸岸边均为石堤护岸，植被均为城市绿化
- **交通路线：**丹东—滨江路—鸭绿江旅游 0 号码头
- **水质状况：**1994—2002 年，江桥断面监测了 15 项指标，2003—2018 年监测了常规 21 项指标。1994—2001 年，受石油类以及挥发酚污染指标影响水质总体呈轻度污染水平，除 1999 年为Ⅲ类水质外，七年间全部为Ⅳ类水质。2002 年开始，水质明显好转，由轻度污染改善至良好水平，并连续十七年保持Ⅰ～Ⅱ类水质。
- **大型底栖动物种类：**奥特开水丝蚓、中华绒螯蟹。
- **着生藻类种类：**变异直链藻、埃伦桥弯藻、普通等片藻、变绿脆杆藻、爆裂针杆藻。

◆ 江桥断面桩

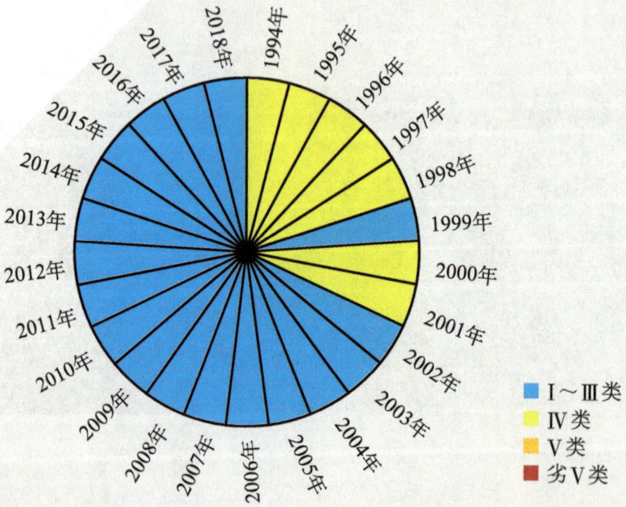

江桥断面 1994—2018 年水质变化

▲ 江桥断面上游

▲ 江桥断面下游

奥特开水丝蚓及其阴茎鞘

中华绒螯蟹

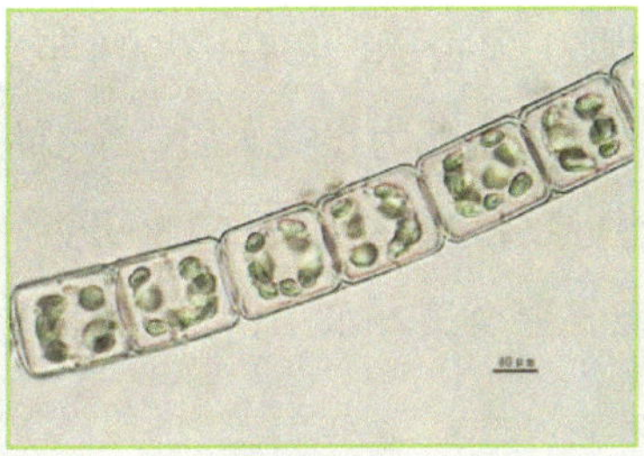

变异直链藻

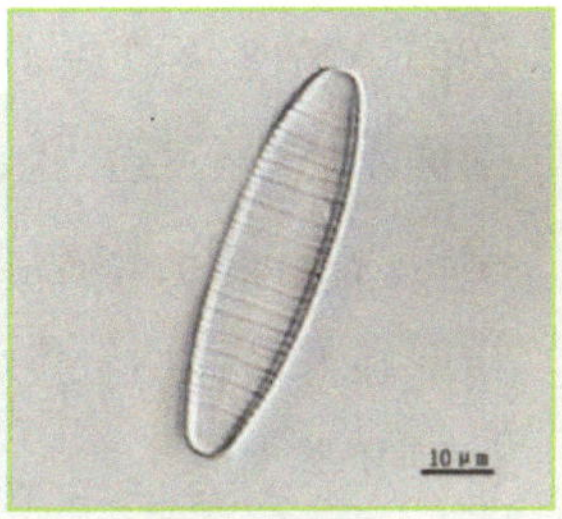

普通等片藻

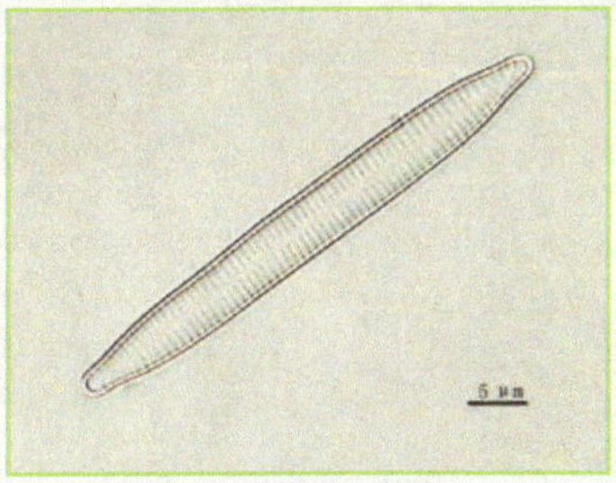

变绿脆杆藻

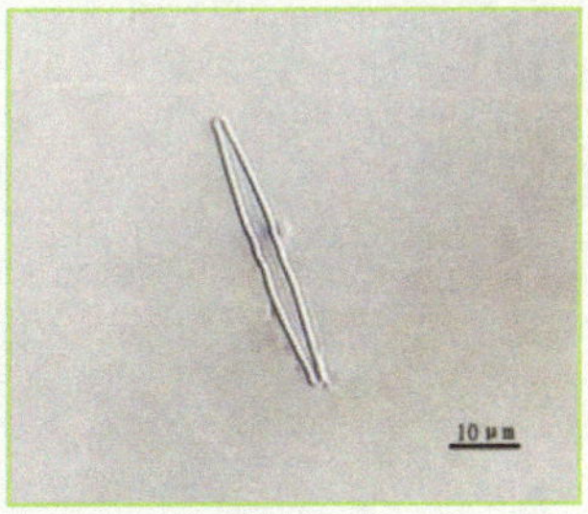

爆裂针杆藻

8.4 文安

- **断面属性：**鸭绿江干流断面
- **断面地址：**丹东市新城区市委大楼处
- **设置目的：**反映鸭绿江（丹东段）市区段水质状况
- **断面类型和采样条件：**控制断面，河岸断面；河面较宽（850～1040m），水流平稳，河段顺直，平均水深 4.81 m，河床质为沙质，比较方便采样
- **周围环境描述和标志：**距离新建鸭绿江大桥垂线距离 1 km 左右。右岸是丹东市新城区 B 区，岸边均为石堤护岸，植被均为城市绿化；左岸是朝鲜新义州的郊区，岸边是耕地
- **交通路线：**丹东—滨江路—振兴区浪头镇新城区，距江桥断面 15.3 km
- **水质状况：**1995—2002 年，文安断面监测了 15 项指标，2003—2018 年监测了常规 21 项指标。1995—2001 年文安断面水质呈轻度污染，七年间全部为Ⅳ类水质，主要污染指标为石油类、高锰酸盐指数和挥发酚。2002 年开始，水质明显好转，由轻度污染改善至良好水平，并连续十七年保持Ⅱ类水质。
- **着生藻类种类：**变异直链藻、埃伦桥弯藻、短肋羽纹藻、短小舟形藻、短小辐节藻、变绿脆杆藻、爆裂针杆藻、灿烂颤藻。

◆ 文安断面桩

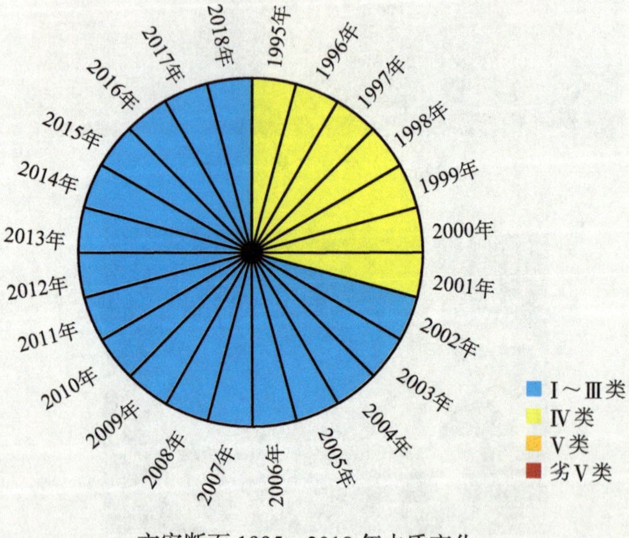

文安断面 1995—2018 年水质变化

▲ 文安断面上游

▲ 江文安断面下游

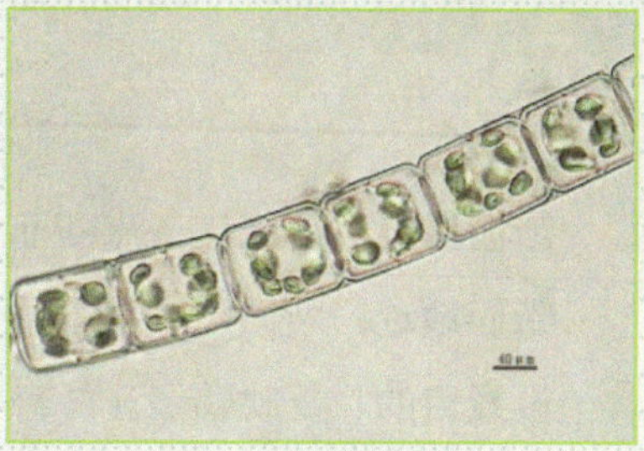

变异直链藻

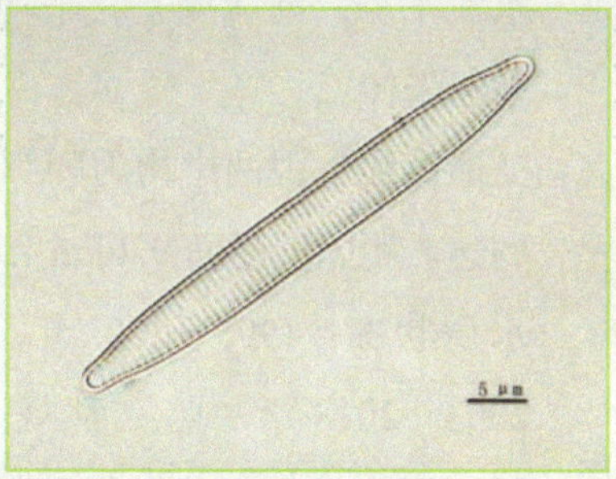

变绿脆杆藻

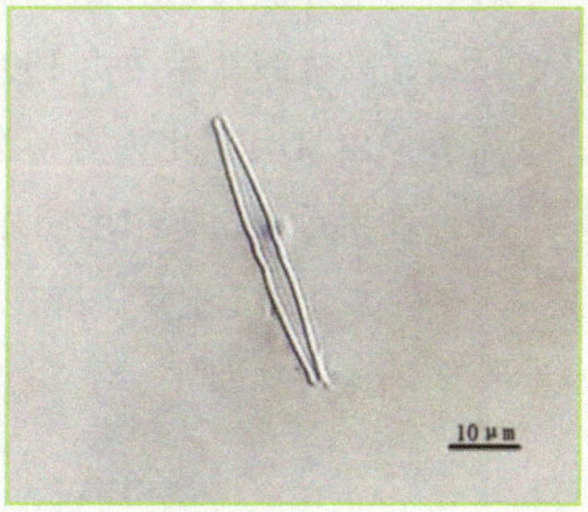

爆裂针杆藻

8.5 厦子沟

- **断面属性：**鸭绿江干流断面
- **断面地址：**断面陆域平行位置为东港市海龙乡
- **设置目的：**反映鸭绿江（丹东段）市区段下游水质状况
- **周围环境描述和标志：**距江海分界处 8.9 km，处在鸭绿江入海口三角洲的顶部。右岸是内外岛的苇塘，左岸是龙岩蒲的残丘坡地，均属朝鲜领土
- **断面类型和采样条件：**河岸断面；河面较宽（1430～1650 m），水流平稳，河床顺直，平均水深 5.74 m，河床质为沙质，乘船采样
- **交通路线：**因两岸均为朝鲜岛屿，只能乘监测船通过水域到达。距文安断面 9.4 km
- **水质状况：**1995—2002 年，厦子沟断面监测 15 项指标，2003—2018 年，监测常规 21 项指标。1995 年，厦子沟断面污染较重，化学需氧量等 3 项指标超Ⅲ类水质标准。1996 年，水质由中度污染好转为轻度污染水平，化学需氧量浓度由Ⅴ类改善至Ⅰ类，高锰酸盐指数浓度由Ⅳ类改善至Ⅲ类。1997 年，水质进一步好转为良好水平。1998—2000 年，水质污染加重，由良好水平恶化至轻度乃至重度污染，高锰酸盐指数由 1998 年的Ⅲ类恶化为Ⅴ类，化学需氧量由Ⅲ类恶化为劣Ⅴ类。2001 年开始，水质逐渐好转，各项污染指标浓度明显下降，至 2002 年水质呈良好水平，并连续十七年保持Ⅱ类水质。

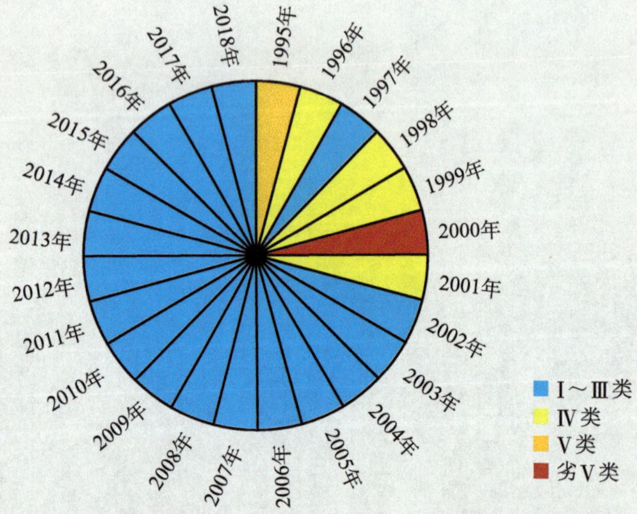

厦子沟断面 1995—2018 年水质变化

▲ 厦子沟断面上游

▶ 厦子沟断面下游

8.6 蒲石河—蒲石河大桥

- **断面属性**：鸭绿江一级支流入江口断面
- **断面地址**：辽宁省丹东市宽甸满族自治县古楼子镇蒲石河大桥
- **设置目的**：反映蒲石河入鸭绿江的水质状况
- **断面类型和采样条件**：河流断面；桥上采样，蒲石河大桥较高，可利用长绳采样，采样较方便
- **周围环境描述和标志**：河面宽约 10 m，河流两侧为庄稼地
- **交通路线**：宽甸镇—永甸镇—长甸镇—古楼子镇—蒲石河大桥
- **水质状况**：2004—2005 年，蒲石河大桥断面仅监测氨氮、化学需氧量和总磷 3 项指标，2006—2015 年，监测 11 项指标，2016—2018 年，监测常规 21 项指标。断面各年度水质良好，一直保持Ⅰ～Ⅲ类水质。

◆ 蒲石河大桥断面桩

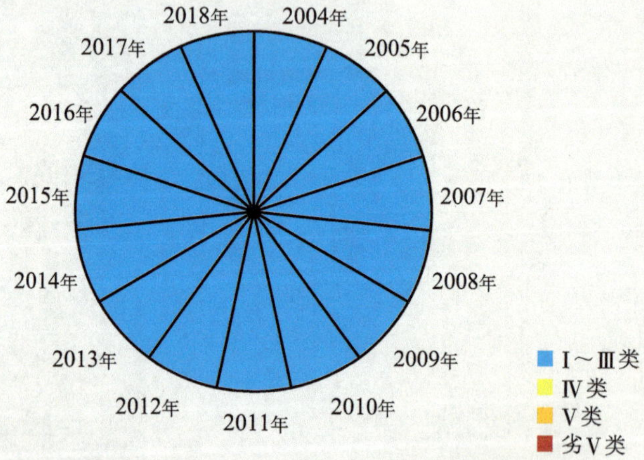

蒲石河大桥断面 2004—2018 年水质变化

▲ 蒲石河大桥断面上游

▲ 蒲石河大桥断面下游

8.7 爱河—爱河大桥

- **断面属性：**鸭绿江一级支流入江口断面
- **断面地址：**辽宁省丹东市宽甸满族自治县虎山镇爱河大桥
- **设置目的：**反映爱河入鸭绿江的水质状况
- **断面类型和采样条件：**河流断面；桥上采样，爱河大桥较高，可利用长绳采样，采样较方便
- **周围环境描述和标志：**河面宽约 28 m，河流两侧为庄稼地
- **交通路线：**宽甸镇—青椅山镇—毛甸子镇—杨木川镇—虎山镇—爱河大桥
- **水质状况：**2004—2009 年爱河大桥断面仅监测氨氮、化学需氧量和总磷 3 项指标，2010—2015 年监测 11 项指标，2016—2018 年监测常规 21 项指标。断面各年度水质良好，一直保持Ⅰ～Ⅲ类水质。

◆ 爱河大桥断面桩

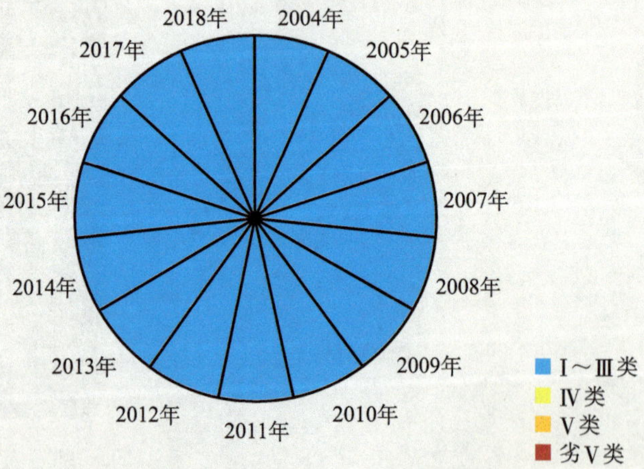

爱河大桥断面 2004—2018 年水质变化

◀ 爱河大桥断面上游

▼ 爱河大桥断面下游

8.8 浑江—凤鸣电站

- **断面属性**：浑江入大伙房水库调水口断面
- **断面地址**：位于桓仁县的凤鸣水电站库区，在桓仁水库下游 15.1 km、凤鸣水库大坝上游 5.5 km 处
- **设置目的**：反映大伙房水库调水口水质状况
- **断面类型和采样条件**：河流断面；岸边高台上采样，可利用长绳采样，采样较方便
- **周围环境描述和标志**：库面宽阔，丰水期约有 100 m。左岸为桓仁民族广场；右岸为山体，多有高密度植被生长
- **交通路线**：桓仁县监测站—青华路—长江大街—火车站大桥—浑江河右岸河堤路
- **水质状况**：凤鸣电站断面仅监测 2016—2018 年三年，期间水质良好，一直保持Ⅱ类水质。

◆ 凤鸣电站断面桩

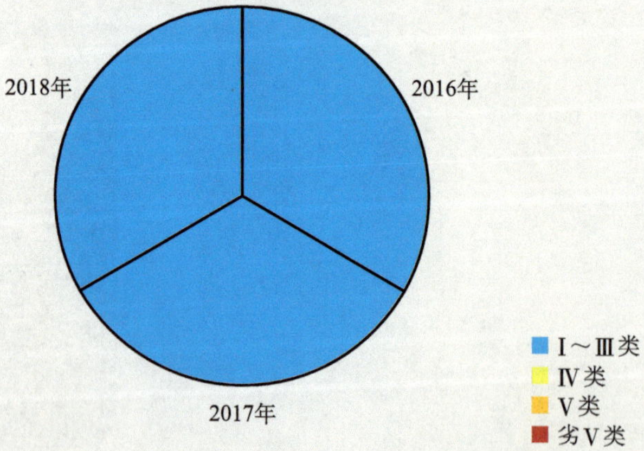

凤鸣电站断面 2016—2018 年水质变化

◀ 凤鸣电站上游

▼ 凤鸣电站下游

第9章

独流入海

9.1 复州河—复州湾大桥

- **断面属性：** 入海河流监测断面
- **断面地址：** 瓦房店市复州城镇 202 国道复州河大桥
- **设置目的：** 复州河削减断面
- **断面类型和采样条件：** 河岸断面；桥下采样，河面较宽，采样方便
- **周围环境描述和标志：** 植被茂盛，一般多为灌木和草地
- **交通路线：** 沈海高速老虎屯下道—城八线西行—202 国道北行—复州河大桥
- **水质状况：** 2004—2006 年复洲湾大桥断面仅监测氨氮、化学需氧量和总磷 3 项指标，2007—2008 年监测 15 项指标，2009—2018 年监测常规 21 项指标。2004—2006 年，断面各年度水质良好，一直保持Ⅲ类。2007—2010 年，受石油类和化学需氧量影响，水质呈轻度污染。2011 年，水质明显好转，并连续四年保持良好水平。2015 年为轻度污染，主要污染指标为化学需氧量。2016 年因总磷污染较重为重度污染。2017 年总磷污染指标浓度下降，水质由重度污染好转为轻度污染水平。2018 年水质持续好转为良好水平。

◆ 复州湾大桥断面桩

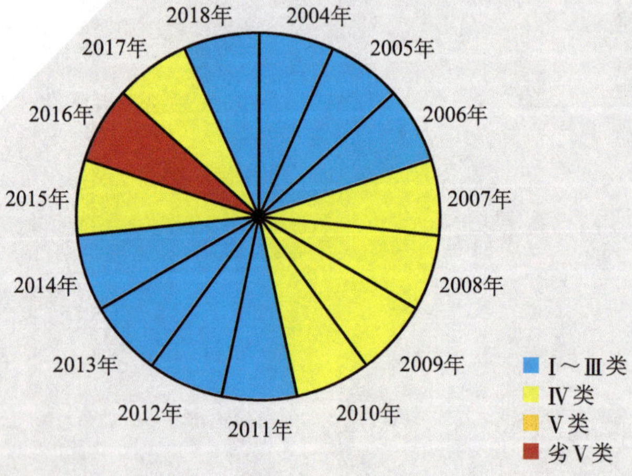

复州湾大桥断面 2004—2018 年水质变化

复州湾大桥断面上游

复州湾大桥断面下游

9.2 复州河—三台子

- **断面属性**：入海河流入海口断面
- **断面地址**：辽宁省大连市瓦房店市三台子乡
- **断面设置目的**：反映复州河入海前的水质
- **断面类型和采样条件**：河岸断面；河面较宽，但水流较浅，比较方便采样
- **周围环境描述及标志**：河面较宽，周围护岸植被状况一般，多为灌木和草地
- **交通路线**：沈大高速—“老虎屯”收费口下道—左转长兴岛方向直行—满族乡卫生院—对面路口左转直行
- **水质状况**：2004—2006 年三台子断面仅监测氨氮、化学需氧量和总磷 3 项指标，2007—2008 年监测 15 项指标，2009—2018 年监测常规 21 项指标。2004—2006 年断面各年度水质良好，一直保持Ⅱ～Ⅲ类水质。2007—2010 年主要受石油类影响水质呈轻度污染。2011 年水质明显好转，并连续七年保持良好水平。2018 年受化学需氧量影响水质呈轻度污染。

◆ 三台子断面桩

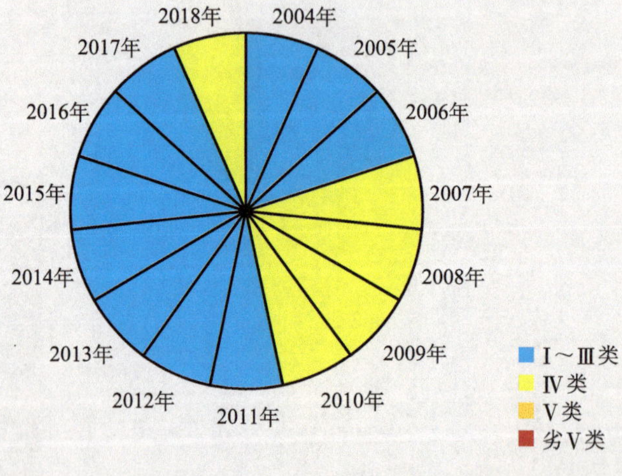

三台子断面 2004—2018 年水质变化

▲ 三台子断面上游

三台子断面下游 ▶

9.3 大沙河—麦家

- **断面属性**：入海河流入海口断面
- **断面地址**：普兰店市大刘家镇葛子沟桥
- **设置目的**：反映大沙河下游水质情况
- **断面类型和采样条件**：河岸断面；桥上采样，河面较窄
- **周围环境描述和标志**：植被茂盛，河面常有浮游植物
- **交通路线**：丹大高速杏树屯下道——国道 201 东行——兴唐线北行——葛子沟桥
- **水质状况**：2004—2006 年麦家断面仅监测氨氮、化学需氧量和总磷 3 项指标，2007—2008 年监测 15 项指标，2009—2018 年监测常规 21 项指标。2004—2017 年，麦家断面各年度水质良好，一直保持Ⅰ～Ⅲ类水质。2018 年受化学需氧量影响，首度呈轻度污染。

◆ 麦家断面桩

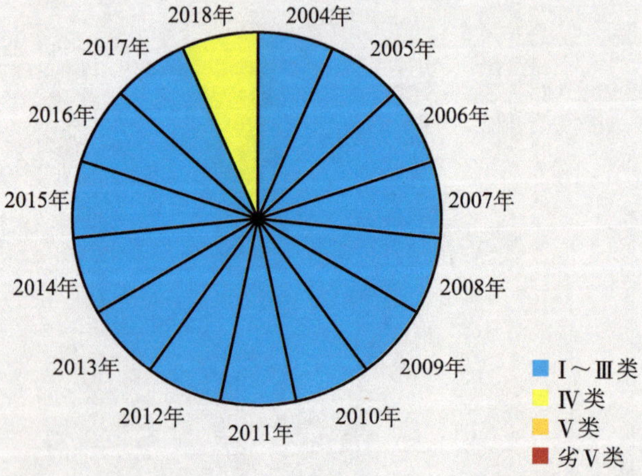

麦家断面 2004—2018 年水质变化

▲ 麦家断面上游

麦家断面下游 ▶

9.4 碧流河—城子坦

- **断面属性**：入海河流入海口断面
- **断面地址**：辽宁省大连市普兰店市城子坦镇
- **断面设置目的**：反映碧流河入海前的水质
- **断面类型和采样条件**：河岸断面；河面较宽，但水流较浅，比较方便采样
- **周围环境描述及标志**：河面较宽，周围护岸植被状况一般，多为灌木和草地
- **交通路线**：沈大高速—“老虎屯”收费口下道—瓦房店市内（向东走）—莲山镇—星台镇—城子坦
- **水质状况**：2004—2006 年城子坦断面仅监测氨氮、化学需氧量和总磷 3 项指标，2007—2008 年监测 15 项指标，2009—2018 年监测常规 21 项指标。2004—2018 年，城子坦断面各年度水质良好，一直保持Ⅰ～Ⅲ类水质。

◆ 城子坦断面桩

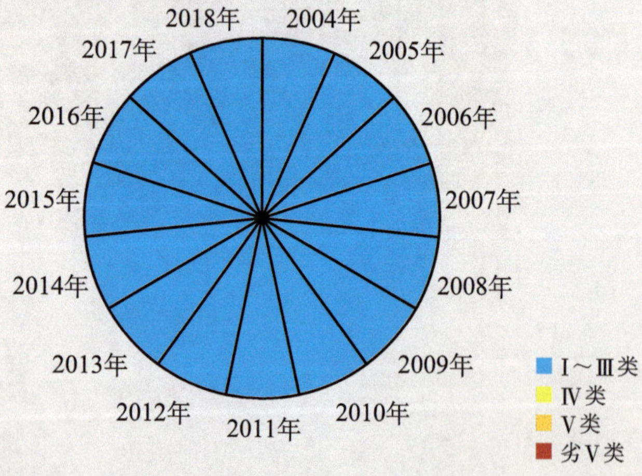

城子坦断面 2004—2018 年水质变化

◀ 城子坦断面上游

▼ 城子坦断面下游

9.5 庄河—小于屯

- **断面属性**：入海河流入海口断面
- **断面地址**：庄河市建设大街
- **设置目的**：反映庄河入海水质
- **断面类型和采样条件**：入海口断面；桥上采样
- **周围环境描述和标志**：上游存在排污口，断面受潮汐影响，周围无植被，河床为深积淤泥
- **交通路线**：庄河市区南行——建设大街东行——庄河大桥
- **水质状况**：2004—2006 年小于屯断面仅监测氨氮、化学需氧量和总磷 3 项指标，2007—2008 年监测 15 项指标，2009—2018 年监测常规 21 项指标。2004 年，受总磷影响水质呈轻度污染。2005—2006 年，水质好转为良好水平。2007—2014 年，水质呈轻度污染，主要污染指标为石油类和总磷。2015 年，水质好转为良好水平。2016 年，因总磷污染较重为重度污染。2017 年，总磷污染指标浓度下降，水质由重度污染好转为轻度污染水平。2018 年受氨氮及总磷影响，水质持续为轻度污染。

◆ 小于屯断面桩

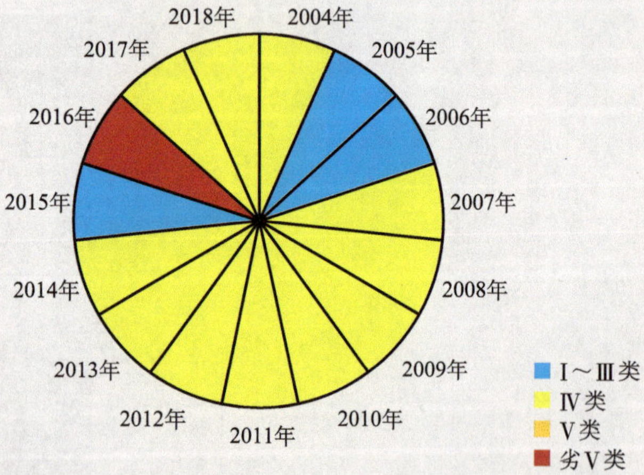

小于屯断面 2004—2018 年水质变化

◀ 小于屯断面上游

▼ 小于屯断面下游

9.6 英那河—万泰

- **断面属性**：入海河流监测断面
- **断面地址**：庄河市英那河万泰村
- **设置目的**：反映英那河水库上游水质状况
- **断面类型和采样条件**：英那河水库断面；桥上采样
- **周围环境描述和标志**：植被状况一般多为灌木和草地
- **交通路线**：丹大高速庄河站——203 省道向北——英那河万泰桥
- **水质状况**：2004—2006 年万泰断面仅监测氨氮、化学需氧量和总磷 3 项指标，2007—2008 年监测 15 项指标，2009—2018 年监测常规 21 项指标。2004—2018 年，万泰断面各年度水质良好，一直保持Ⅰ～Ⅱ类水质。

◆ 万泰断面桩

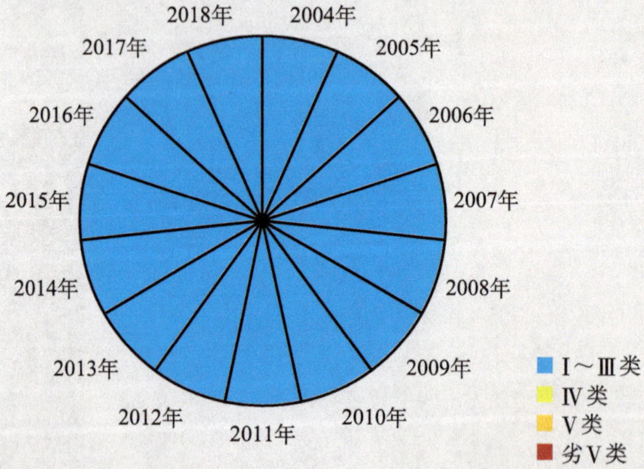

万泰断面 2004—2018 年水质变化

万泰断面上游

万泰断面下游

9.7 英那河—英那河入海口

- **断面属性**：入海河流入海口断面
- **断面地址**：庄河市青堆子镇沙岭村
- **设置目的**：反映英那河入海水质
- **断面类型和采样条件**：河岸断面；桥下采样
- **周围环境描述和标志**：植被状况一般多为灌木
- **交通路线**：丹大高速青堆子下道——国道 201 西行——沙岭村村道南行——靠山屯石板桥
- **水质状况**：2006 年英那河入海口断面仅监测氨氮和化学需氧量 2 项指标，2007—2008 年监测 15 项指标，2009—2018 年监测常规 21 项指标。2006—2018 年，英那河入海口断面各年度水质良好，一直保持Ⅱ～Ⅲ类水质。

◆ 英那河入海口断面桩

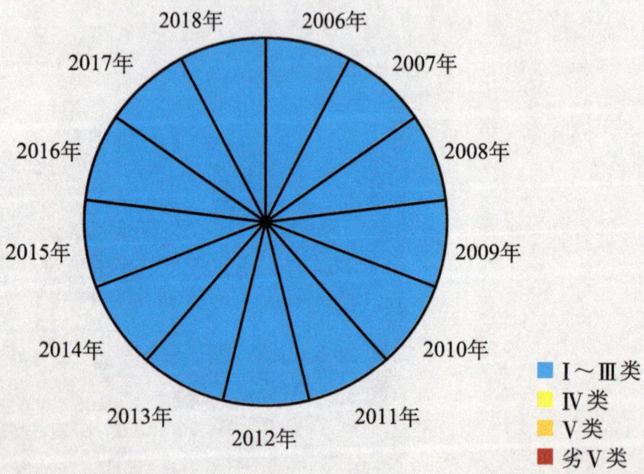

英那河入海口断面 2006—2018 年水质变化

◀ 英那河入海口断面上游

▼ 英那河入海口断面下游

9.8 登沙河—登化

- **断面属性**：入海河流入海口断面
- **断面地址**：金州新区登沙河工业区大猴线姜家堡桥
- **设置目的**：反映登沙河入海水质
- **断面类型和采样条件**：河岸断面；桥下采样
- **周围环境描述和标志**：植被状况一般多为灌木
- **交通路线**：丹大高速登沙河下道—大猴线南行—姜家堡桥
- **水质状况**：2004—2006 年登化断面仅监测氨氮、化学需氧量和总磷 3 项指标，2007—2008 年监测 15 项指标，2009—2018 年监测常规 21 项指标。2004—2006 年，登化断面水质污染较重，总体为中度或重度污染水平，主要污染指标为氨氮和化学需氧量。2007—2010 年，氨氮、化学需氧量污染减轻，生化需氧量污染加重，跃升成为主要污染指标，除 2010 年外各年度均为Ⅴ类水质。2011 年水质历史最好，符合Ⅲ类水质标准。2012—2016 年，水质污染加重，总体为轻度或中度污染水平，主要污染指标为氨氮、生化需氧量和化学需氧量。2017 年水质明显好转，符合Ⅲ类水质标准。2018 年受氨氮和化学需氧量影响，水质呈中度污染。

◆ 登化断面桩

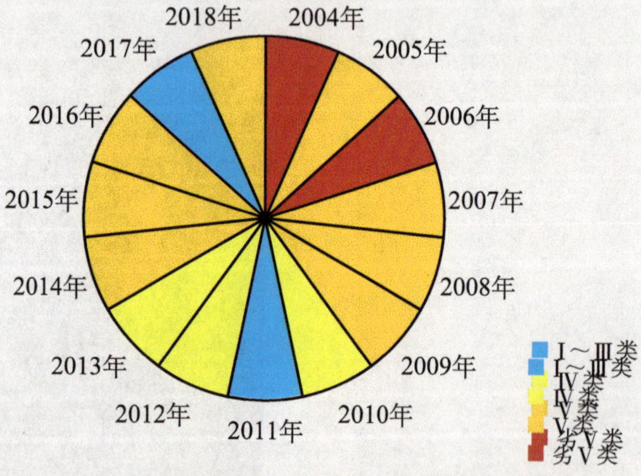

登化断面 2004—2018 年水质变化

◀ 登化断面上游

▼ 登化断面下游

9.9 大洋河—口子街

- **断面属性：**入海河流监测断面
- **断面地址：**岫岩县雅河镇巴家堡村
- **设置目的：**反映大洋河岫岩县出境水质状况
- **断面类型和采样条件：**河岸断面；河面较宽，水流较浅，采样方便
- **周围环境描述和标志：**河面较宽，周围护岸植被状况一般，多为灌木和草地，采样很便利
- **交通线路：**丹锡高速 G16—岫岩出口—张庄公路（S203）南行—雅河镇和雅河工业园—岫岩城镇污水处理厂—口子街大桥
- **水质状况：**2006—2018 年，口子街断面仅监测四年，2007—2015 年无监测数据。2006 年、2016—2018 年，口子街断面水质良好，一直保持Ⅱ类水质。

◆ 口子街断面桩

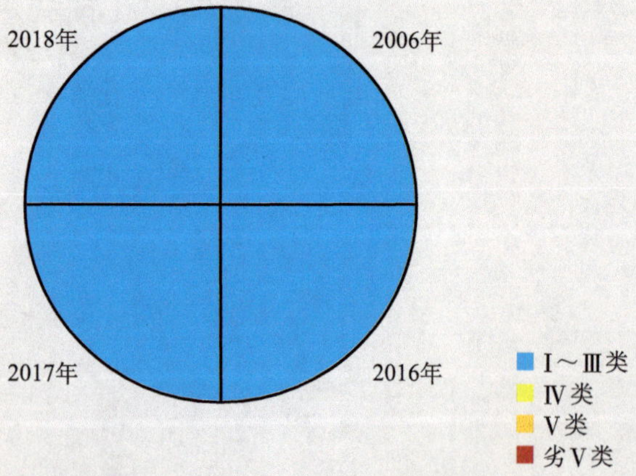

口子街断面 2006—2018 年水质变化

◀ 口子街断面上游

▼ 口子街断面下游

9.10 大洋河—大洋河桥

- **断面属性**：入海河流入海口断面
- **断面地址**：辽宁省丹东市东港市黄土坎镇大洋河桥
- **设置目的**：反映大洋河（东港段）入北黄海的水质状况
- **断面类型和采样条件**：河流断面；桥上采样，大洋河桥较高，可利用长绳采样，采样较方便
- **周围环境描述和标志**：河面宽约 300 m，河流两侧为芦苇地
- **交通路线**：东港市—长山镇—北井子镇—椅圈镇—黄土坎镇—大洋河桥
- **水质状况**：2007—2008 年大洋河桥断面监测 15 项指标，2009—2018 年监测常规 21 项指标。2007—2011 年水质污染较重，总体为中度或重度污染水平，水质类别在Ⅳ～劣Ⅴ类，主要污染指标为高锰酸盐指数、化学需氧量和石油类。自 2012 年开始，水质持续好转，高锰酸盐指数、化学需氧量浓度逐年下降，不再是主要污染指标，但受石油类影响，水质仍呈中度污染水平。2018 年断面水质首次达到良好水平。

◆ 大洋河桥断面桩

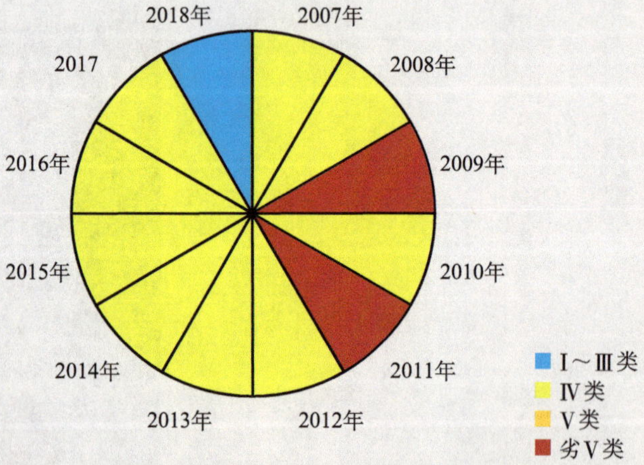

大洋河桥断面 2007—2018 年水质变化

大洋河桥断面上游

大洋河桥断面下游

9.11 哨子河—关门山大桥

- **断面属性**：入海河流入海口断面
- **断面地址**：位于岫岩县黄花甸镇关门山村
- **设置目的**：反映哨子河岫岩县出境水质状况
- **断面类型和采样条件**：河岸断面；河面较宽，水流较浅，比较方便采样
- **周围环境描述和标志**：河面较宽，周围护岸植被状况一般，多为灌木和草地，采样很便利
- **交通线路**：丹锡高速 G16 岫岩出口—张庄公路（S203）北行—苏子沟镇—黄花甸镇—关门山大桥
- **水质状况**：2003—2018 年，关门山大桥断面仅监测五年，2004—2005 年、2007—2015 年无监测数据。2003 年监测的 17 项指标中共有 6 项指标浓度劣于Ⅴ类水质标准，水质呈重度污染。2006、2016—2018 年，关门山大桥断面水质良好，一直保持Ⅰ～Ⅱ类水质。

◆ 关门山大桥断面桩

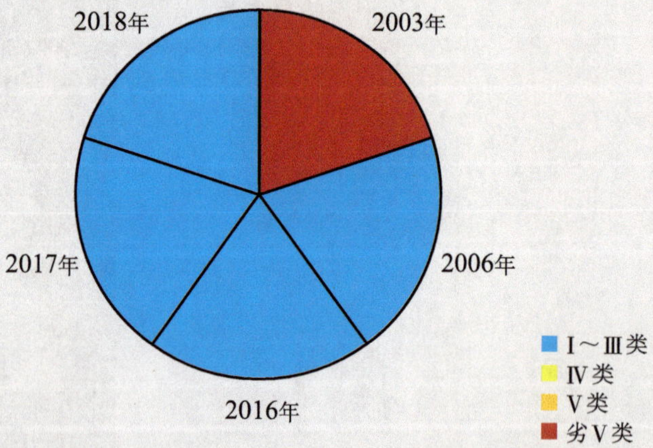

关门山大桥断面 2003—2018 年水质变化

关门山大桥断面上游

关门山大桥断面下游

9.12 大清河—大清河口

- **断面属性**：入海河流入海口断面
- **断面地址**：辽宁省盖州市西河口村
- **设置目的**：反映大清河入渤海的水质状况
- **断面类型和采样条件**：河岸较宽，河流枯水期常常断流，桥上采样，利用长绳在桥上采样，采样较方便
- **周围环境描述和标志**：河面较宽，周围护岸植被状况一般，四周多为村庄和农田
- **交通路线**：金牛山大街—庄林路—305 国道—白狼村村道—西海村村道—盖州市污水处理厂附近
- **水质状况**：2004—2006 年大清河口断面仅监测氨氮、化学需氧量和总磷 3 项指标，2007—2008 年监测 15 项指标，2009—2018 年监测常规 21 项指标。2004—2007 年断面水质污染十分严重，四年间全部为劣Ⅴ类水质，呈重度污染，主要污染指标为氨氮、化学需氧量和总磷，其中 2007 年污染最重，共有 5 项指标浓度劣于Ⅴ类水质标准。2008—2012 年水质污染有所好转，各项污染指标浓度均有所下降，化学需氧量由劣Ⅴ类下降为Ⅲ～Ⅳ类，不再是主要污染指标，但五年间水质仍以重度污染为主。2013—2017 年水质持续改善，由重度污染改善至中轻度污染水平，但生化需氧量污染加重，成为主要污染指标之一。2018 年受总磷和氨氮影响，水质下降为劣Ⅴ类。

◆ 大清河口断面桩

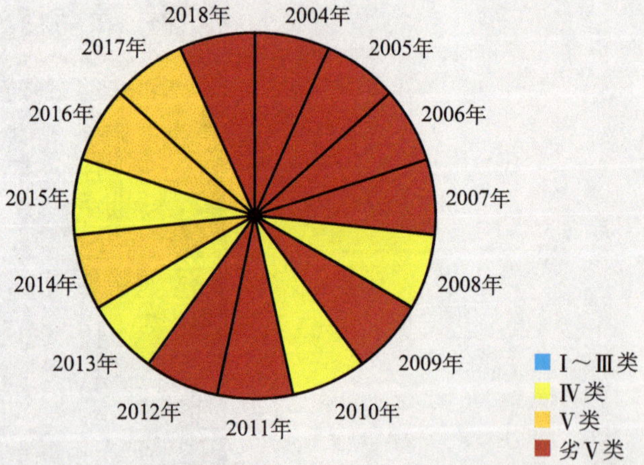

大清河口断面 2004—2018 年水质变化

大清河口断面上游 ▶

◀ 大清河口断面下游

9.13 碧流河—茧场

- **断面属性：**入海河流入海口断面
- **断面地址：**辽宁省万福镇肖家炉村
- **设置目的：**反映碧流河进入大连市前的水质状况
- **断面类型和采样条件：**河岸断面；河面较宽，水流较缓，交通较方便，便于采样
- **周围环境描述和标志：**河面较宽，周围护岸植被状况一般，四周多为村庄和农田
- **交通路线：**金牛山大街—营口南上高速—营盖高速—万福—305国道—蚕场村附近
- **水质状况：**2004—2006年茧场断面仅监测氨氮、化学需氧量和总磷3项指标，2007—2008年监测15项指标，2009—2018年监测常规21项指标。2004—2018年，茧场断面各年度水质良好，一直保持Ⅰ～Ⅱ类水质。
- **大型底栖动物种类：**中华颤蚓、斯蒂齿斑摇蚊、纹石蚕、短线短脉纹石蚕、小蜉、扁蜉A种、宽叶高翔蜉、弯钩高翔蜉、中华齿米虾、湖球蚬、小土蜗、狭萝卜螺。
- **着生藻类种类：**小环藻、桥弯藻、羽纹藻、舟形藻、辐节藻、针杆藻、菱形藻、盘星藻、空星藻。

◆ 茧场断面桩

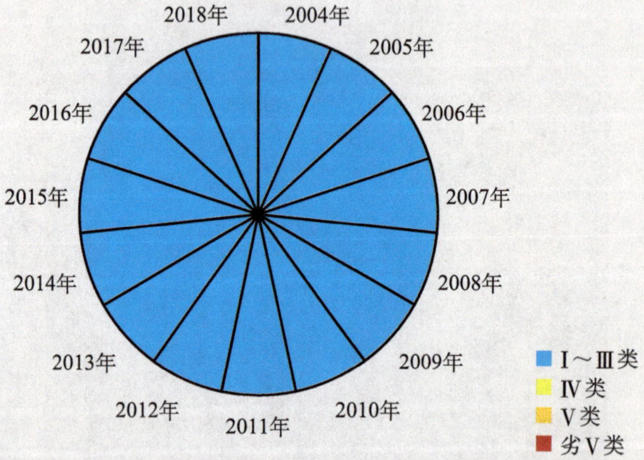

茧场断面2004—2018年水质变化

▲ 茧场断面上游

▲ 茧场断面下游

短线短脉纹石蚕

小蜉

宽叶高翔蜉

中华齿米虾

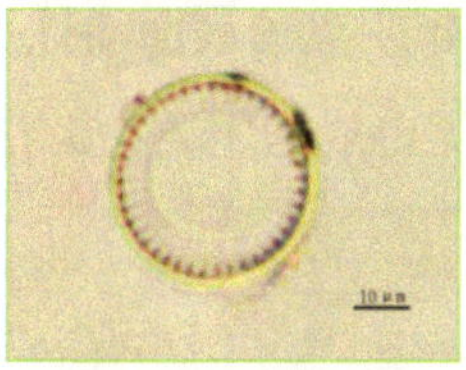

小环藻

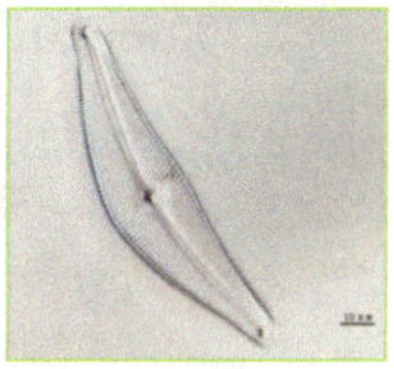

桥弯藻

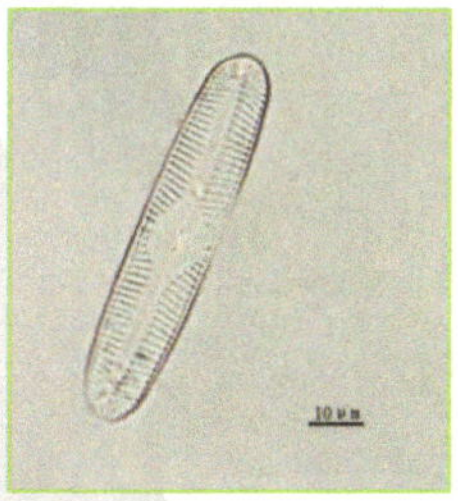

羽纹藻

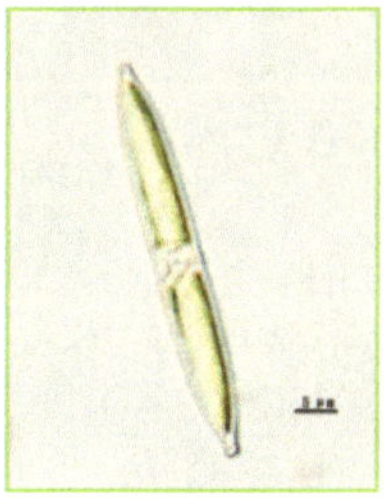

菱形藻

9.14 大旱河—营盖公路

- **断面属性**：入海河流入海口断面
- **断面地址**：辽宁省盖州市西海办事处新店村
- **设置目的**：反映大旱河入海的水质状况
- **断面类型和采样条件**：河岸断面；河面较宽，水流较缓，交通较方便，便于采样
- **周围环境描述和标志**：河面较宽，周围护岸植被状况一般，四周多为基本农田
- **交通路线**：金牛山大街—庄林路—305 国道—沈海高速交汇处附近的新店村
- **水质状况**：2004—2006 年营盖公路断面仅监测氨氮、化学需氧量和总磷 3 项指标，2007—2008 年监测 15 项指标，2009—2018 年监测常规 21 项指标。2004—2018 年，营盖公路断面水质污染十分严重，十五年间全部为劣Ⅴ类水质。2004—2006 年主要污染指标为氨氮、化学需氧量和总磷。2007—2018 年阴离子表面活性剂污染问题凸显，高锰酸盐指数和石油类也成为主要污染指标。

◆ 营盖公路断面桩

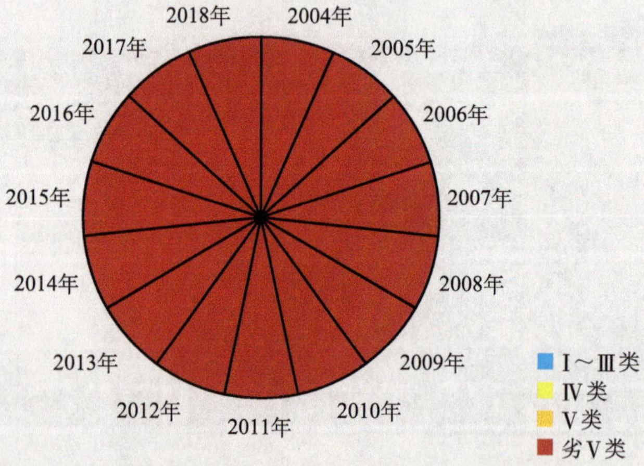

营盖公路断面 2004—2018 年水质变化

营盖公路断面上游 ▶

◀ 营盖公路断面下游

9.15 沙河—沙河入海口

- **断面属性：**入海河流入海口断面
- **断面地址：**辽宁省鲅鱼圈区小董屯村
- **设置目的：**反映沙河入海的水质状况
- **断面类型和采样条件：**河岸断面；河面较宽，水流较缓，交通较方便，便于采样
- **周围环境描述和标志：**河面较宽，周围护岸植被状况一般，四周多为村庄和农田
- **交通路线：**金牛山大街—滨海路—鲅鱼圈区小董屯村
- **水质状况：**2004—2006 年沙河入海口断面仅监测氨氮、化学需氧量和总磷 3 项指标，2007—2008 年监测 15 项指标，2009—2018 年监测常规 21 项指标。2004 年水质良好。2005 年因化学需氧量污染较重为重度污染。2006 年因化学需氧量而呈轻度污染。2007 年水质污染加重，污染指标增多，主要污染指标为化学需氧量和氨氮。2008 年水质略为改善呈轻度污染。2009—2012 年阴离子表面活性剂污染加重，跃升为主要污染指标之一，受此影响四年间水质均呈重度污染。2013—2016 年，阴离子表面活性剂污染改善至良好水平，断面水质总体呈中轻度污染，主要污染指标为生化需氧量、化学需氧量和总磷。2017 年断面水质受氟化物影响呈重度污染。2018 年氟化物污染有所改善，水质呈轻度污染。

◆ 沙河入海口断面桩

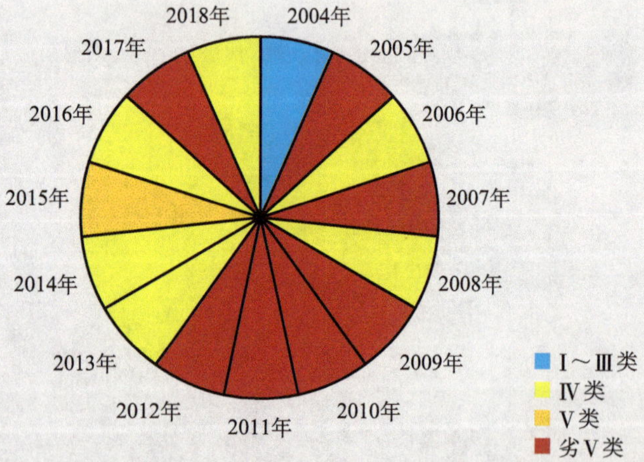

沙河入海口断面 2004—2018 年水质变化

▲ 沙河入海口断面上游

▲ 沙河入海口断面下游

9.16 熊岳河—杨家屯

- **断面属性**：入海河流入海口断面
- **断面地址**：辽宁省鲅鱼圈区熊岳镇西杨屯村
- **设置目的**：反映熊岳河入海的水质状况
- **断面类型和采样条件**：河岸断面；河面较宽，水流较缓，交通较方便，便于采样
- **周围环境描述和标志**：河面较宽，周围护岸植被状况一般，四周多为村庄和农田
- **交通路线**：金牛山大街—滨海路—鲅鱼圈区熊岳镇西杨屯村
- **水质状况**：2004—2006 年杨家屯断面仅监测氨氮、化学需氧量和总磷 3 项指标，2007—2008 年监测 15 项指标，2009—2018 年监测常规 21 项指标。2004—2008 年断面污染十分严重，连续五年呈重度污染，主要污染指标为氨氮、化学需氧量和高锰酸盐指数。2009 年水质有所好转，呈中度污染水平，氨氮和化学需氧量均好于Ⅴ类水质标准。2009—2012 年阴离子表面活性剂污染加重，跃升为主要污染指标之一，受此影响 2010—2012 年三年间水质均呈重度污染。2013—2018 年，阴离子表面活性剂污染改善至良好水平，除 2015 年外，断面水质总体呈中轻度污染，主要污染指标为生化需氧量、化学需氧量和石油类。2015 年断面水质受化学需氧量影响呈重度污染。

◆ 杨家屯断面桩

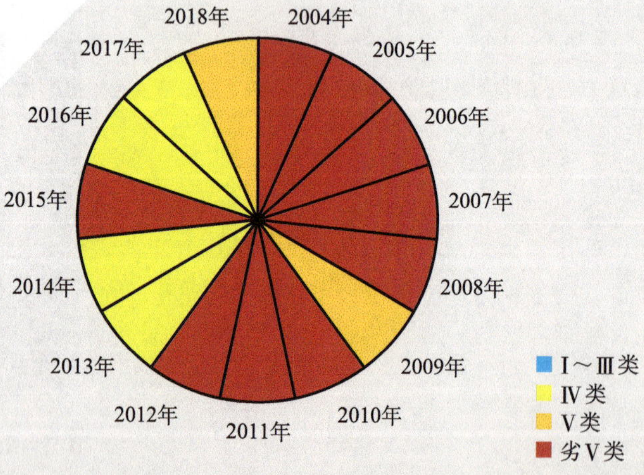

杨家屯断面 2004—2018 年水质变化

◀ 杨家屯断面上游

▼ 杨家屯断面下游

9.17 兴城河—红石碑入海前

- **断面属性：**入海河流入海口断面
- **断面地址：**辽宁省兴城市兴城河临河大街南侧河道管理所处
- **设置目的：**反映兴城河入海前水质状况
- **断面类型和采样条件：**入海河流断面；岸堤采样，利用长绳在岸边采样，采样方便
- **周边环境描述和标志：**河面宽约 120 m。河流北侧为带状公园、街道城区；南侧河岸有一定量树木和农田
- **交通路线：**兴城环境局—黎明路—兴海北街—政府西路—
- 临河大街—河道管理所—红石碑断面
- **水质状况：**2004—2011 年，红石碑入海前断面水质污染十分严重，八年间全部为劣Ⅴ类水质，呈重度污染，主要污染指标为氨氮和总磷。其中 2008 年污染最重，共有 5 项指标浓度劣于Ⅴ类水质标准，化学需氧量、氨氮等多项指标浓度均达历史最高峰值。2012 年开始，水质明显好转，多项指标浓度迅速下降，由多年重度污染改善至良好水平，并连续三年保持Ⅲ类水质。2015 年受生化需氧量和化学需氧量影响，水质呈轻度污染。2016 年较 2015 年同期增加了高锰酸盐指数污染指标，水质仍呈轻度污染水平。2017 年水质明显好转，多项指标浓度下降，由轻度污染改善至良好水平。2018 年持续保持良好。

◆ 红石碑入海前断面桩

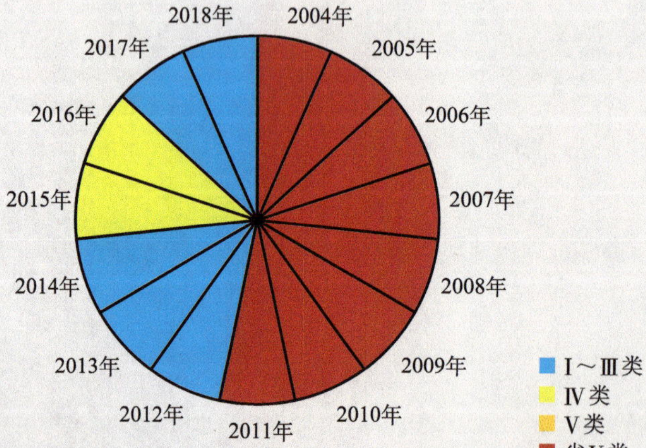

红石碑入海前断面 2004—2018 年水质变化

红石碑入海前断面上游 ▶

▲ 红石碑入海前断面下游

9.18 六股河—孤家子

- **断面属性：**入海河流入海口断面
- **断面地址：**辽宁省绥中县小庄子镇孤家子村
- **设置目的：**反映六股河进入渤海前的水质状况
- **断面类型和采样条件：**河流断面；河岸采样，河面较宽，水流较浅，比较方便采样
- **周围环境描述和标志：**河面较宽，周围护岸植被状况良好，多为树木和草地，途经村庄和农田
- **交通路线：**环保局—G102 线—六股河桥头右转—滨河大道—沈山线铁路大桥—孤家子村左转—沙场—六股河断面
- **水质状况：**2004—2018 年，孤家子断面各年度水质良好，一直保持Ⅱ～Ⅲ类水质。2004—2009 年仅监测了氨氮、总磷和高锰酸盐指数 3 项指标，2010—2011 年监测了氨氮、化学需氧量等 11 项指标，2012—2018 监测了 21 项指标。

◆ 孤家子断面桩

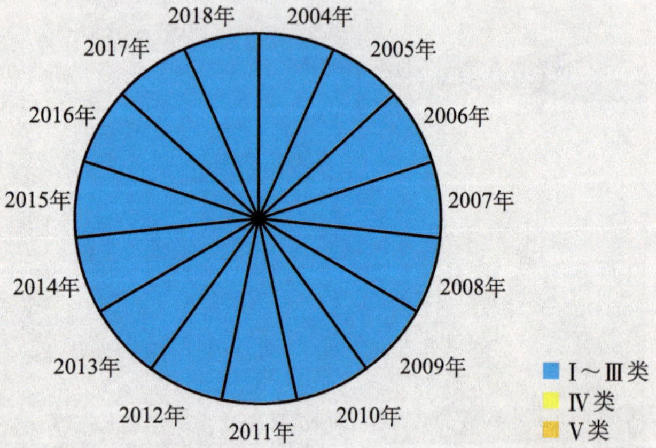

孤家子断面 2004—2018 年水质变化

▲ 孤家子断面上游

▲ 孤家子断面下游

9.19 六股河—小渔场

- **断面属性：**入海河流入海口断面
- **断面地址：**辽宁省绥中县小庄子镇小渔场
- **设置目的：**反映六股河进入渤海前的水质状况
- **断面类型和采样条件：**河流断面；河岸采样，河面较宽，水流较深，采样方便
- **周围环境描述和标志：**河面较宽，下游为滨海公路六股河大桥，周围护岸植被状况良好，多为树木和草地，途径村庄和农田
- **交通路线：**环保局—G102 线—六股河桥头右转—滨河大道—沈山线铁路大桥—滨海公路—滨海公路六股河大桥下
- **水质状况：**2004—2006 年小渔场断面仅监测高锰酸盐指数、总磷和氨氮 3 项指标，2007—2009 年监测 15 项指标，2010—2018 年监测常规 21 项指标。2004—2018 年小渔场断面水质除个别年份外，多年间总体呈良好水平。2005 年断面水质受高锰酸盐指数单一污染指标影响呈轻度污染水平。2007 年受高锰酸盐指数以及石油类污染指标影响水质呈轻度污染。2009、2016 年分别受石油类及化学需氧量影响，水质呈轻度污染。

◆ 小渔场断面桩

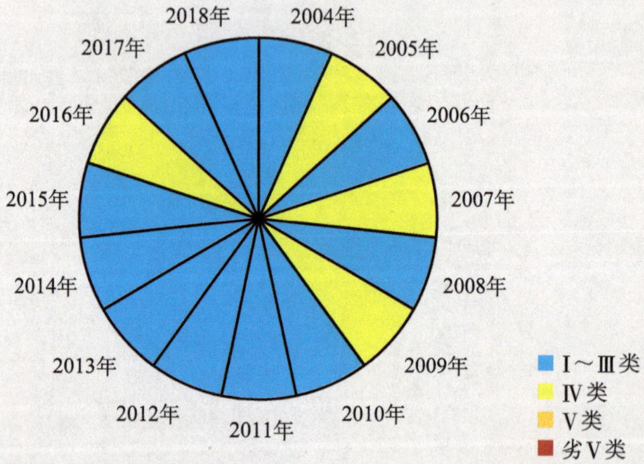

小渔场断面 2004—2018 年水质变化

▲ 小渔场断面上游

▲ 小渔场断面下游

9.20 连山河—沈山铁路桥下

- **断面属性：**入海河流入海口断面
- **断面地址：**辽宁省葫芦岛市连山区锦郊乡锦东村沈山铁路桥下
- **设置目的：**反映连山河入海前水质状况
- **断面类型和采样条件：**河岸断面；桥下采样，河面较宽，水流较浅，采样方便
- **周围环境描述和标志：**河面较宽，周围护岸植被状况一般，多为边坡和草地
- **交通路线：**葫芦岛—连山区—锦东村
- **水质状况：**2004—2006 年沈山铁路桥下断面仅监测高锰酸盐指数、总磷和氨氮 3 项指标，2007—2009 年监测 15 项指标，2010—2017 年监测常规 21 项指标。2004—2015 年，沈山铁路桥下断面水质污染十分严重，十二年间全部为劣Ⅴ类水质。2004—2008 年主要污染指标为氨氮、总磷、高锰酸盐指数和生化需氧量。2009—2015 年高锰酸盐指数污染问题有所好转，不再是主要污染指标。2016 年开始，多项指标浓度迅速下降，由多年重度污染改善至轻度污染水平。2016—2018 年水质历史最好，连续三年符合Ⅲ类水质标准。

◆ 沈山铁路桥下断面桩

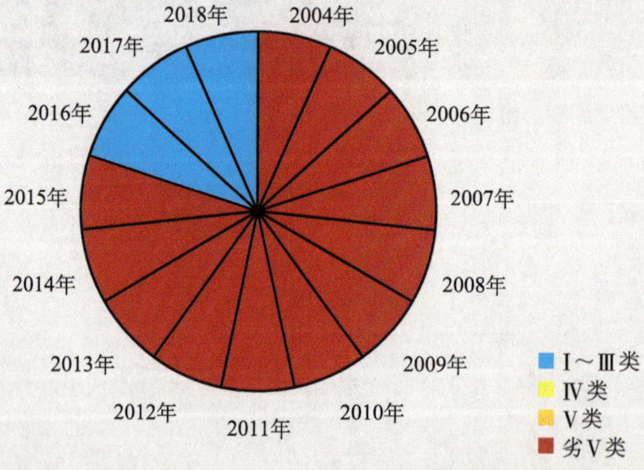

沈山铁路桥下断面 2004—2018 年水质变化

▲ 沈山铁路桥下断面上游

▲ 沈山铁路桥下断面下游

9.21 五里河—茨山桥南

- **断面属性**：入海河流入海口断面
- **断面地址**：葫芦岛市锦葫路五里河茨山桥南
- **设置目的**：反映五里河入海前水质状况
- **断面类型和采样条件**：河岸断面；桥上桥下均可采样，水流较为平缓，采样方便
- **周围环境描述和标志**：上游截流，周围护岸植被状况一般，多为灌木和草地
- **交通路线**：葫芦岛—锦葫路—五里河茨山桥南
- **水质状况**：2004—2006 年茨山桥南断面仅监测氨氮、化学需氧量和总磷 3 项指标，2007—2009 年监测 15 项指标，2010—2017 年监测常规 21 项指标。2004—2013 年，茨山桥南断面水质污染十分严重，十年间全部为劣Ⅴ类水质。2004—2005 年，主要污染指标为氨氮、化学需氧量和总磷。“十一五”期间，高锰酸盐指数污染问题凸显，高锰酸盐指数和生化需氧量也成为主要污染指标。其中 2007 年污染最重，10 项指标浓度劣于Ⅴ类水质标准，总磷、高锰酸盐指数等多项指标浓度均达历史最高峰值。自“十二五”以来，水质逐年持续好转，多项指标浓度迅速下降，至 2016 年首次好于Ⅴ类水质标准，由多年重度污染改善至轻度污染水平。2017 年，水质污染加重，多项指标浓度升高，氨氮超Ⅴ类水质标准，水质呈重度污染。2018 年断流未开展监测。

◆ 茨山桥南断面桩

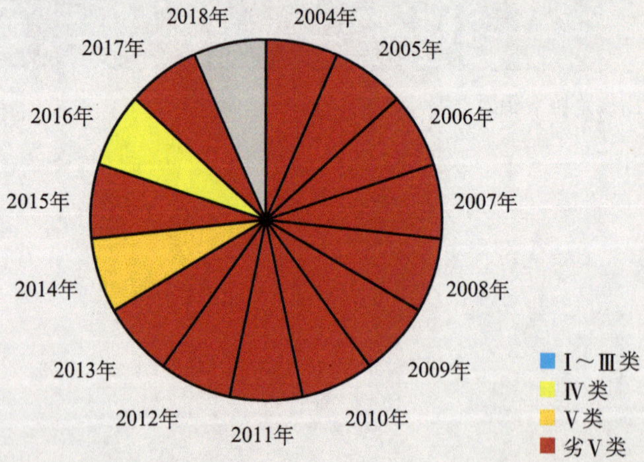

茨山桥南断面 2004—2018 年水质变化

◀ 茨山桥南断面上游

▼ 茨山桥南断面下游

编纂说明

一、《辽宁省地表水重点断面信息图鉴》是以历年辽宁省河流状况为依据，力图运用新方法、新资料体现出辽宁省河流断面的历史变迁与现状，反映出应有的时代特点和地方特点，达到科学性和资料性有机结合。

二、本书的记述，实事求是，述而不论，扼要记述辽宁省河流断面基础信息，并配以历年收集到的相关图片，旨在全面系统地反映辽宁省河流变化的历史进程，为相关工作人员提供翔实、准确的资料。

三、本书依据的资料，主要来自中国河湖大典、辽宁省历年统计年鉴、辽河流域藻类监测图鉴等资料，经过核实后一般不注明出处。

四、本书中水质评价项目为《地表水环境质量标准》(GB 3838—2002)中表1规定的除水温、化学需氧量和粪大肠菌群3项以外的21项，监测项目不全时，以实际监测项目为准。评价标准采用《地表水环境质量标准》(GB 3838—2002)Ⅲ类水质标准。

参考文献

[1] 杨文慧，严忠民，吴建华 . 河流健康评价的研究进展 [J]. 河海大学学报 (自然科学版)，2005，33(6): 607-611.

[2] 魏梓兴，蔡恭杰，吴阿娜，等 . 河流管理中引入河流健康状况评价的意义与思考 [J]. 中国水利，2004，17: 33-35.

[3] Karr J R, Chu E W. Sustaining living rivers[J]. Hydrobiologia, 2000 (422): 1-14.

[4] Schofield N J, Davies P E. Measuring the health of our rivers[J]. Water, 1996, 5(6): 39-43.

[5] Simpson J, Norris R, Barmuta L. AusRivAS-National River Health Program: User Manual Website version，1999.

[6] Smith M J, Kay W R，Edward D H D. AusRivAS: using macroinvertebrates to assess ecological condition of rivers in Western Australia. Freshwater Biology，1999(41): 269-282.

[7] Fainweather P G. State of environmental indicators of river health: exploring the metaphor. Freshwater Biology, 1999, (41): 221-234.

[8] Caims J. Eco-Societal testoration: te-examining human society's relationship with national systems. The abel Wolman Distinguished lecture, National Academy of Sciences. 1994, 12.

[9] 黄妮，刘殿伟，王宗明 . 辽河中下游流域生态安全评价 [J]. 资源科学，2008，30(8): 1243-1251.

[10] 赵彦伟，杨志峰 . 城市河流生态系统健康评价初探 [J]. 水科学进展，2005，16(3): 349-351.

[11] 吴阿娜，杨凯，车越 . 河流健康评价在城市河流管理中的应用 [J]. 中国环境科学，2006，26(3): 359-363.

[12] 张远，郑丙辉，刘鸿亮 . 深圳典型河流生态系统健康指标及评价 [J]. 水资源保护，2006，22(5): 13-17.

[13] 孟伟，张远，郑丙辉，等 . 生态系统健康理论在流域水环境管理中应用研究的意义、难点和关键技术——代“流域水环境管理战略研究”专栏序言 [J]. 环境科学学报，2007，27(6): 906-909.

[14] 张楠，孟伟，张远 . 辽河流域河流生态系统健康的多指标评价方法 [J]. 环境科学研究，2009，22(2): 162-170.

[15] 惠秀娟，杨涛，李法云 . 辽宁省辽河水生态系统健康评价

[J]. 应用生态学报，2011，22(1): 181-188.

[16] Salas F, Marcos C, Neto J M, et al. User-friendly guide for using benthic ecological indicators in coastal and marine quality assessment[J]. Ocean & Coastal Management, 2006, 49(5-6): 308-331.

[17] Ladson A R, White L J, Doolan J A. Development and testing of an Index of Stream Condition for waterway management in Australia[J]. Freshwater Biology, 1999(41): 453-468.

[18] 陈丽，丁建东 . 指数在水污染监测方面的应用 [J]. 南通大学学报，2006，4(3): 26-28.

[19] ISO-BMWP. Assessment of the Biological Quality of Riversby a Macroinvertebrate Score. ISOPTC 147PSC 5PWG 6PN5. Geneva: International Organisation for Standardisation, ISO, 1979.

[20] CHAPMAN D.Water Quality Assessment: A guide to theuse of biota，sediments and water in environmental monitoring. London: Chapman & Hall, 1992.

[21] Wright J F，Sutciffe D W，Furse M T. Assessing the biological quality of fresh waters: RIVPACS and other techniques. Ambleside: The Freshwater Biological Association, 2000.

[22] 张远，张楠，孟伟 . 辽河流域河流生态系统健康的多要素评价 [J]. 科技导报，2008，26(17): 36-42.

[23] Xu F L. Ecosystem health assessment of Lake Chao, a shallow eutrophic Chinese lake.Lakes Reserv. Res. and Manage, 1996, 2: 101-109.

[24] Penrose D. An introduction to North Carolina's biomonitoring program: benthic macroinvertebrates. In ProceedingsState/EPA Region VI Water Quality Data Assessment, 1985, 19-21.

[25] Lenat D. Water quality assessment of streams using a qualitative collection method for benthic macroinvertebrates[J]. Journal of the North American Benthological Society, 1988, 7(3): 222-233.

[26] 马立平 . 由多指标向少数几个综合指标的转化——主成分分析法 [J]. 北京统计，2000，8: 37-38.

[27] 唐涛，蔡庆华，刘建康 . 河流生态系统健康及其评价 [J]. 应用生态学报，2002，1(9): 1191-1194.

[28] Vannote R L, Minshall G W, Cummins K W.The river continuum concept. Canadian Journal of Fisheries and Aquatic Sciences, 1980(37): 130-137.

[29] 郑丙辉，张远，李英博 . 辽河流域河流栖息地评价指标与评价方法研究 [J]. 环境科学学报，2007，27(6): 928-936.

[30] 王玉图，王友绍 . 基于 PSR 模型的红树林生态系统健康评价体系——以广东省为例 [J]. 生态科学，2010，29(3): 234-241.

[31] 沈珍瑶，谢彤芳 . 一种改进的灰色关联分析方法及其在水环境质量评价中的应用 [J]. 水文，1997，3: 13-15.

[32] 陈圣宾，蒋高明 . 生物多样性监测指标体系构建研究进展 [J]. 生态学报，2008，28(10): 5123-5132.

[33] 惠秀娟，杨涛，李法云 . 辽宁省辽河水生态系统健康评价 [J]. 应用生态学报，2011，22(1): 181-188.

[34] EPA2008 Determination of Trace Elements in Water and Wastes by Inductively Coupled Plasma-Mass Spectrometry Revision.

[35] ISO9174: 1998 Water quality-Determination of chromium-Atomic absorption spectrometric methods.

[36] 国家环境保护总局 . 水和废水监侧分析方法 [M]. 第四版 . 北京：中国环境科学出版社，2002.

[37] Bernd Markert， 王美娥，Simone Wünschmann， 等 . 环境质量评价中的生物指示与生物监测 [J]，生态学报，2003，33(1): 40-44.

[38] 林碧琴，谢淑琦 . 水生藻类与水体污染监测 [M]. 沈阳：辽宁大学出版社，1988.

[39] 林碧琴，姜彬慧 . 藻类与环境保护 [M]. 沈阳：辽宁民族出版社，1999.
[40] 仇伟光，王俊才，张峥，等 . 辽河流域底栖动物监测图鉴 [M]. 北京 : 中国环境出版社，2014.
[41] 姜永伟 . 2 种大型底栖无脊椎动物评价水质新方法 [J]. 现代农业科技，2014，12: 222-226.
[42] GB/T 12990-91，水质 - 微型生物群落监测 PFU 法 [S].
[43] 弗洛特莫斯科等 . 深水型（不可涉水）河流生物评价的概念及方法 [M]. 刘录三等，译 . 北京：中国环境科学出版社，2012.
[44] 段学花，王兆印，徐梦珍 . 底栖动物与河流生态评价 [M]. 北京：清华大学出版社，2010.
[45] 马放，李伟光，任南琪 . 生物监测与评价 [M]. 哈尔滨：东北林业大学出版社，1999.
[46] 国家环保局水生生物监测手册编委会 . 水生生物监测手册 [M]. 南京：东南大学出版社，1993.
[47] 胡鸿钧，魏印心 . 中国淡水藻类—系统、分类及生态 [M]. 北京：科学出版社，2006.
[48] 中国科学院 . 中国经济昆虫志 [M]. 北京：科学出版社，1997.
[49] 杨莲芳 . Aquatic insects of China Useful for Monitoring Water Quality[M]. 南京：河海大学出版社，1994.
[50] 周凤霞，陈剑虹 . 淡水微型生物与底栖动物图谱 [M]. 北京：化学工业出版社，2011.
[51] 齐钟彦，等 . 中国动物图谱 [M]. 北京：科学出版社，1985.
[52] 刘月英，张文珍等 . 中国经济动物志 [M]. 北京：科学出版社，1979.
[53] 周长发 . 中国大陆蜉蝣目分类研究 [J]. 北京：南开大学，2002.
[54] 胡鸿钧，魏印心 . 中国淡水藻类—系统、分类及生态 [M]. 北京：科学出版社，2006.
[55] 中国科学院青藏高原科学综合考察队 . 西藏藻类 [M]. 北京：科学出版社，1992.
[56] 齐雨藻，李家英 . 魏印心，等 . 中国淡水藻志 [M]. 北京：科学出版社，2003-2014.
[57] Krammer K. Lange-Bertalot H.Bacillariophyceae（欧洲硅藻鉴定系统）[M]. 刘威，朱远生，黄迎艳译 . 广州：中山大学出版社，2012.
[58] Albert Chakona, Crispen Phiri, Tendayi Chinamaringa, Nikite Muller. Changes in biota along a dry-land river in northwestern Zimbabwe: declines and improvements in river health related to land use[J]. Aquatic Ecology. 2009 (4) .
[59] An-NingSuo, You-CaiXiong, Tian-Ming Wang, et al. Ecosystem Health Assessment of the Jinghe River Watershed on the Huangtu Plateau[J]. EcoHealth. 2008(2).
[60] P Vugteveen, R S E W Leuven, M A J Huijbregts, et al. Redefinition and Elaboration of River Ecosystem Health: Perspective for River Management[J]. Hydrobiologia . 2006 (1).
[61] Kentaro Nozaki, Khadbaatar Darijav, Tetsuji Akatsuka, et al. Development of filamentous green algae in the benthic algal community in a littoral sand-beach zone of Lake Biwa[J]. Limnology. 2003 (3).
[62] 胥学鹏，张峥，姜永伟，等 . 辽河流域藻类监测图鉴 [M]. 北京：中国环境出版集团，2018.